建筑造型分析与实例

［日］宫元健次　著

卢春生　译

中国建筑工业出版社

本书的结构

为了从视觉上更好地理解建筑设计的思路,本书精选约400张图例,以下3点是本书特色:

1 各章的解说

从造型上对古今东西的建筑设计进行比较,网罗包含全部建筑设计的关键词——"表现"、"区分"、"外装"、"围入",并以此分4类。

作为综述,通过照片和图例对各种设计手法的思路和特征进行了分析说明。

2 各项的解说

每个章又将设计手法细分为4至6类,从各个角度、以实例进行分析说明。

3 作品实例

在各项分类中,列举能够表现其特征的国内外优秀事例7至18个,进行说明。利用外观·内部的照片、平面图·剖面图·轴测图·立面图,将设计的意图和效果简洁地表现出来。

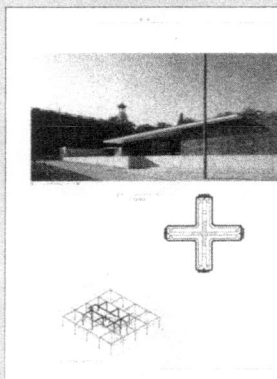

---

1 各章的解说

見せる

标题
各章的标题和叙述各项内容的题目一览。

总论
简洁明快地论述建筑设计的历史,左页则是列举的图例。

2 各项的解说

01
構造を見せる

图形
为便于理解,将各项设计手法浓缩提炼出指示性的模型。

作品举例一览
各项说明中提及作品实例、按设计手法体系简化的一览。

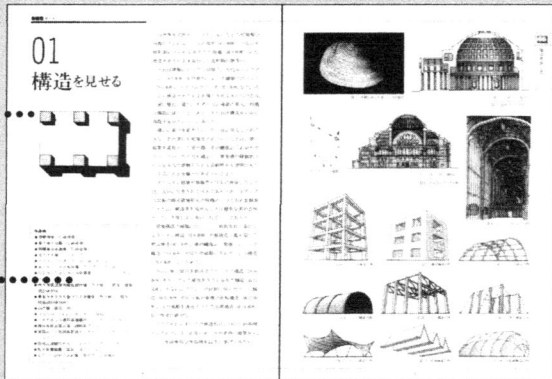

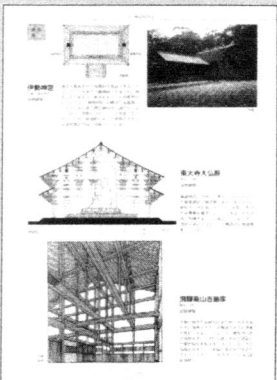

3 作品实例

图标
便于查找的指示性图标。

作品说明
按作品名称、所在地、竣工时间、设计者、说明的顺序排列。日本国的县名和外国的城市名·国名、设计者以发表时的登载为准。

序言

　　本书是针对学习建筑设计的学生，以及建筑设计工作者所编写的解说书。根据实际作品，按照不同造型类别进行选编。

　　作者在大学、专科学校从事建筑设计教学12年，自己也同时从事实际设计。在编写这部解说书时，根据建筑设计教育与实践的经验，着重以下3点进行编写：

① 以往的建筑设计书大多是按功能分类，很少有造型的比较与分类。本书以建筑的形态进行分类，而更为注重对建筑设计的解说。

② 本书的整体结构分为"表现"、"区分"、"外装"、"围入"4个章节。各章又细分为4~6个项目。在各个项目中，列举了古今东西的代表性建筑实例。将至今所创建的浩瀚的优秀设计方法分为体系，以便于理解其主要特色。

③ 各项列举出7~18个代表作品，并尽可能地将其特征用图样表现出来。

　　本书若能帮助各位理解建筑设计，作者将无比喜悦。

作者

目次
CONTENTS

总　论

图1　巴塞罗那馆外观

图2　巴塞罗那馆立柱剖面图

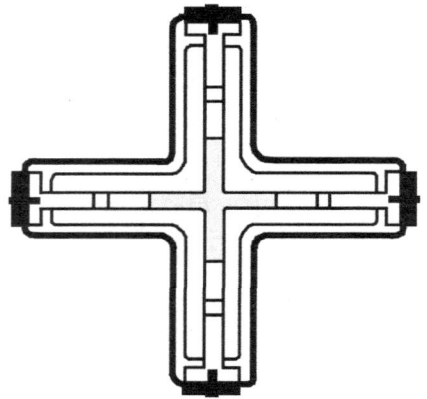

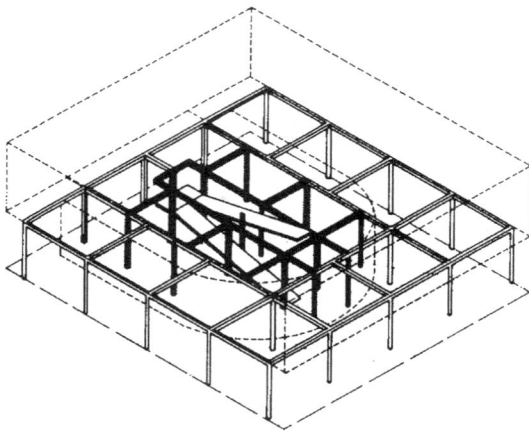

图3　萨伏伊别墅的轴测投影图

表现

现在，我们已知道：只凭"功能"并不一定能达到美观。但是，在20世纪前期，所谓的"现代主义建筑"片面地注重视觉功能而摒弃装饰。在那个时代中，功能化的形态曾被认为是最完美的。

例如，在结构体上贴瓷砖被认为是邪道。当时最流行的是裸露混凝土浇筑的结构体。另外，不受力的部位表现与结构体不同，一般用玻璃或白色墙壁。在当时，结构必须表现出来，这被认为是理所当然的。

但是，看一下当时的建筑，在被称为现代主义巨匠的建筑家作品中，也可以看到充斥着装饰造作的部位。例如，被称为现代派建筑6大巨匠之一的密斯·凡·德·罗所设计的现代派建筑的象征性作品"巴塞罗那博览会德国馆"（见图1），对其仔细观察便会发现，其表现明快结构的柱体上，为了表现美观，

在结构体的表面上，施加了装饰和饰面（见图2）。与其说是为了功能的需要，不如说是为了注重装饰表现的行为。另外，同样被称为现代派建筑6大巨匠之一的勒·柯布西耶的代表作"萨伏伊别墅"。其有着不规则的柱体排列，也很难称为"表现明快的结构"（见图3）。寻找这样的现代主义建筑的矛盾之处是很容易的，但在此提出来只是为了针对当时完全否定一切装饰，只是片面追求功能性价值观的说法。

另外，现代派建筑所谓国际通用的"国际形态"，以不具备地域特点，来对其他形态加以束缚，那也是值得商榷的。应该说，表现功能需要掌握一些设计技巧，这些方法是最为重要的。

在此，以"表现"为主题，通过结构、设备、以及动线，作为建筑功能的一个方面，来探讨设计表现的方法。

01
构造表现

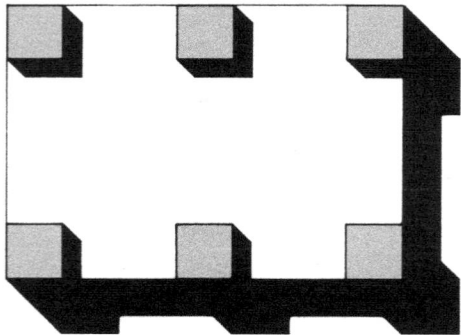

环顾一下自然界，可以看到虾、蟹等甲壳类，以及贝类有着壳体造型（见图1）。冰柱以及钟乳洞中所见的悬吊曲线（见图2）等，自然界中直接表现结构美的造型物很多。

在建筑中也同样，自古以来就有结构的直接表现。像古罗马的圆顶（见图3）、中世纪哥特式建筑的顶盖（见图4），以及伊斯兰教的拱顶（见图5）等。

如前所述，现代派建筑的最大特征就是服从功能，特别是如何表现结构这一点上。

的确，让重力、应力，这些不可视的力的流向可视化，只是把建筑作为工具来看时，其功能超越一目了然的境界，建筑物的紧凑感、跃动感给予观察者以感动，带来艺术性、空间性上的巨大魅力。

现代派建筑完全排除装饰性，对此是需要进行反省的。现代派建筑之前的大式建筑的最大特征之一就是装饰美。与此同时，表现结构美，这作为健全的美的表现，今后也会被广泛应用。

建筑结构的种类中，最一般的是柱梁结构（见图6），以及由组合结构发展而成的壁式结构（见图7）、由桥的结构发展而成的拱梁结构（见图8），以及模仿贝类、甲壳类的壳式结构（见图9）等。

另外，由单一材料组建的桁架结构（见图10）、钢缆支撑屋顶的吊挂结构（见图11），或是模仿吉普赛住居帐篷结构（见图12），以及折纸原理的折板结构（见图13），还有气球进化而来的空气膜结构（见图14）等等，数不胜数。

我们无法在此列举所有的结构形式，仅列举古今东西的建筑中，具有深刻印象的数个作品实例。

图1 贝类的壳体造型

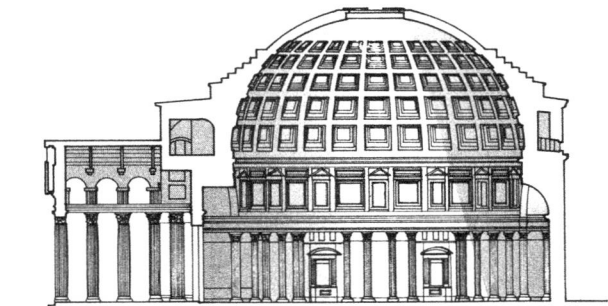

图3 古罗马的圆顶

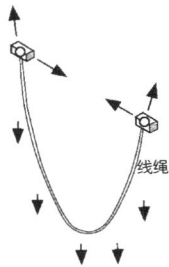

图2 悬吊曲线

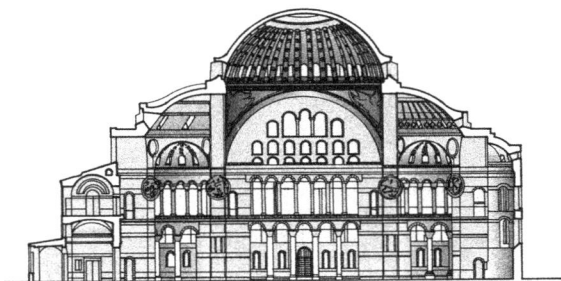

图5 伊斯兰教拱顶之例

图4 哥特式建筑的顶盖

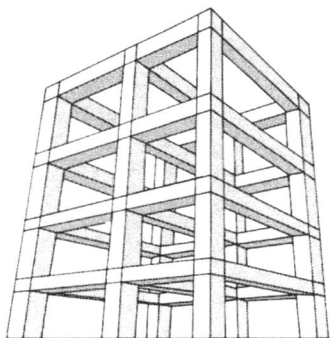

图6 柱梁结构

图7 壁式结构

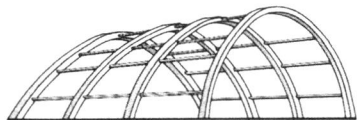

图8 拱梁结构

图9 壳式结构

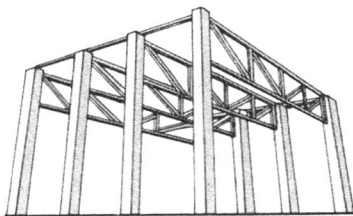

图10 桁架结构

图11 吊挂结构

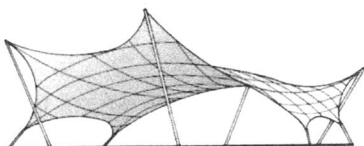

图12 帐篷结构

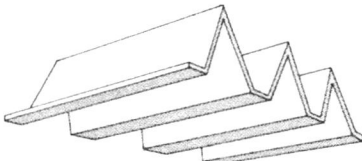

图13 折板结构

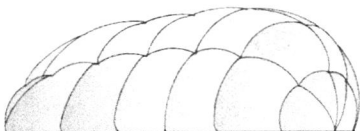

图14 空气膜结构

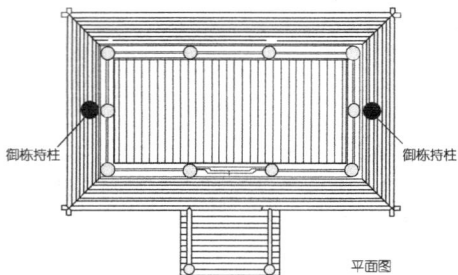

作品举例

御栋持柱　　　　御栋持柱

平面图

外观

伊势神宫

三重　奈良时代
传统建筑

伊势神宫是显现结构为特征的创意设计，这种形式早在日本的古典建筑中就已经出现。作为具有神社最古老形式的"御栋持柱"，在伊势神宫中也设置在开口部的外部，以粗大的柱体支撑着屋顶。这个柱体实际上几乎不受力，只是在视觉上巧妙地表现出一种支撑着大屋顶的稳定感。

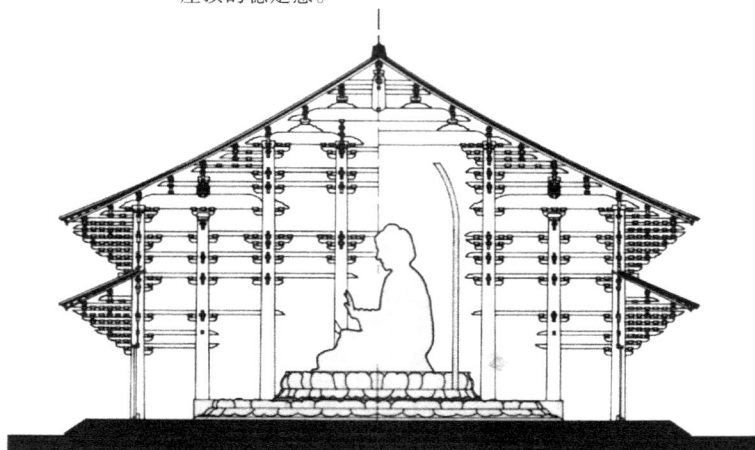

剖面图

0　　10　　20(m)

东大寺大佛殿

奈良　1709
传统建筑

东大寺大佛殿是在镰仓时代，与禅宗一同由中国传入的建筑样式，称为"禅宗式"。东大寺大佛殿是当时的代表实例。通过称为"六手先"的复杂组合，成功地架构出木造结构的巨大空间。也可以说是由单一材料组建的桁架结构的传统建筑样式。

内部
小屋架构

飞禅高山吉岛家

岐阜　1907
传统建筑

飞禅高山吉岛家是在深雪地方的传统民宅实例。不做顶棚，裸露着支撑屋顶的木框架结构。人们因为积雪而不太外出，因此创造出对应室内生活的开放空间。气积大可使室温变化减少（见28页）。

外观

玻璃之家

美国　康涅狄格州　1949
设计：菲利普·约翰逊

　　玻璃之家是美国现代派建筑的重要代表人物，菲利普·约翰逊的代表作之一。以单间小住宅为主要结构。独立浴室设在圆柱体的混凝土中心，并在钢框架的玻璃空间中显露出来。

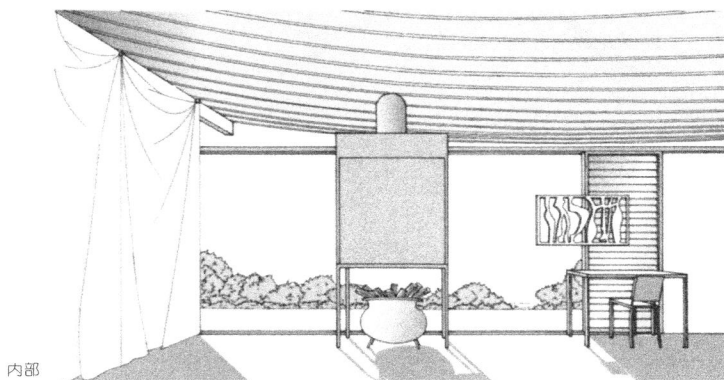

内部

茧屋

美国　康涅狄格州　1951
设计：保罗·鲁道夫

　　住宅的屋顶为悬吊结构。在室内，直接表现出线垂下所产生的悬垂曲线。悬吊结构多用于大的跨度，将这种方法用于小住宅，这很有创意。

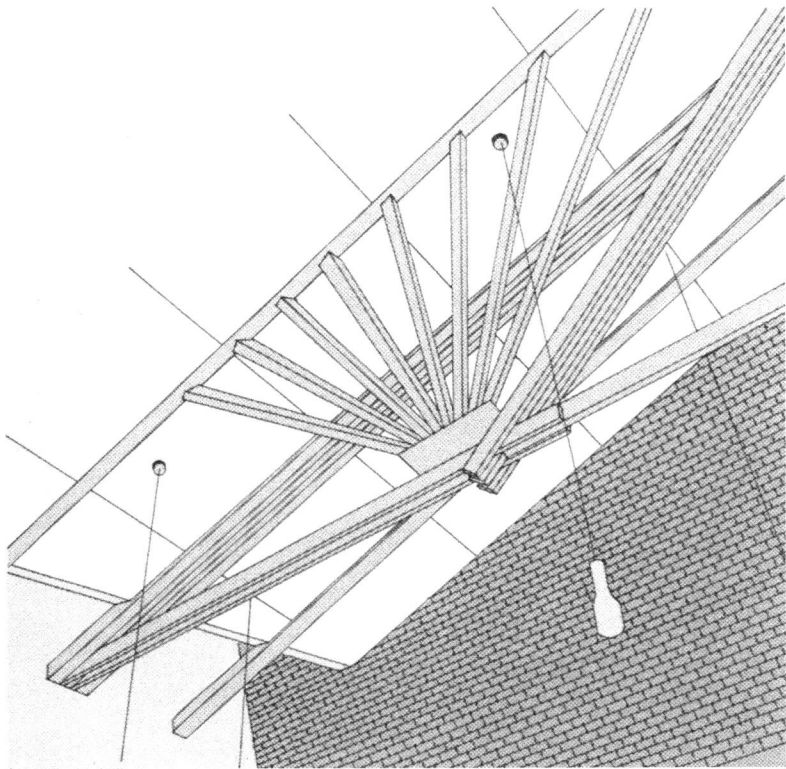

塞伊奈约基市政厅

芬兰　塞伊奈约基市政厅　1952
设计：阿尔瓦·阿尔托

　　芬兰多积雪，塞伊奈约基市政厅采用木结构支撑大跨度形式，自然朴素，同时具有结构美。

内部

会议厅设计方案

美国 芝加哥 1953
设计：密斯·凡·德·罗

桁架结构直接作为建筑物的正面外观，并与此相对应，通过改变玻璃材料的质感来强化立体感。

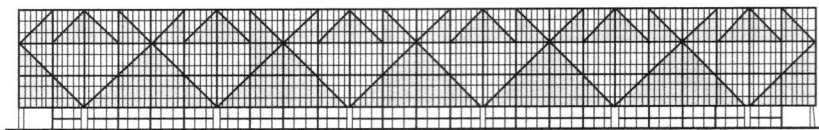

正面立面图
0　20　40(m)

代代木国立室内竞技场

东京　1964
设计：丹下健三·都市·建筑设计研究所

代代木国立室内竞技场直接裸露着由悬吊屋顶造成的曲面，成功地形成了与体育比赛场馆相适应的活跃感觉，并刻意营造出屋顶曲面与日本传统建筑的屋顶结构相仿佛的感觉。

内部

外观

东京天主教圣玛利亚大教堂

东京　1964
设计：丹下健三·都市·建筑设计研究所

东京天主教圣玛利亚大教堂是使用8张HP壳面结合而成的外露式教堂建筑。由上部俯视，HP的壳面结合部成为十字架形状的天窗，外光洒向纤细的曲面部，创造出与教堂相符合的神秘空间气氛。

外观

内部

白色之家

东京　1966
设计：筱原一男

　　日本的住居自古便有称为"大黑柱"的柱子，不仅作为结构起作用，还具有象征意义。白色之家是表现这一象征的作品，以白色墙壁为背景，衬托出具有象征意义的简朴粗木黑柱。

外观

内部

约翰·汉考克中心

美国　伊利诺伊州芝加哥　1968
设计：SOM

　　约翰·汉考克中心的超高层大楼的正面上大胆地露出斜材，这一作品的强烈表现对以后的超高层大楼设计给予广泛的影响。

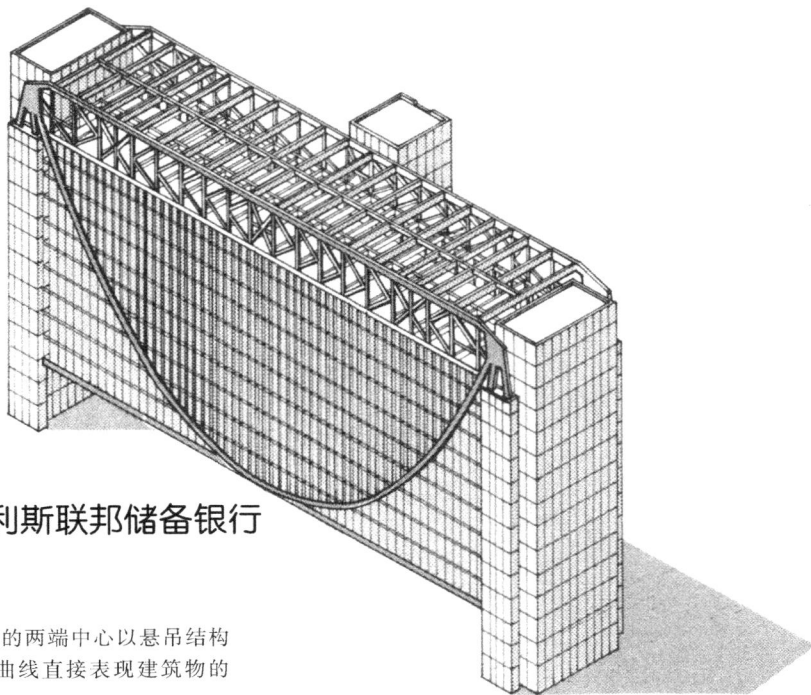

美国明尼阿波利斯联邦储备银行

美国　明尼阿波利斯　1971
设计：昆纳·巴卡茨

　　建筑物90m大跨度的两端中心以悬吊结构支撑。以美丽的下垂曲线直接表现建筑物的立面。

轴测图

构造表现

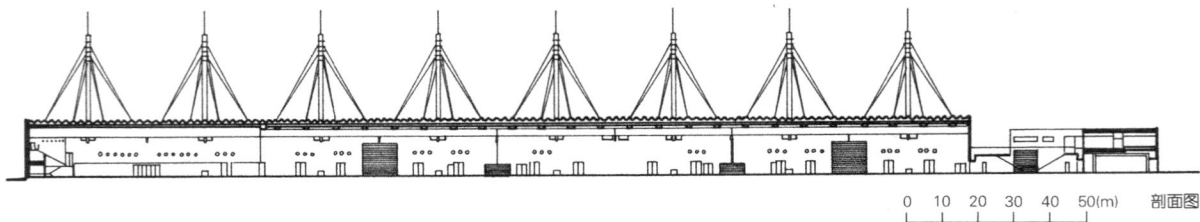

0　10　20　30　40　50(m)　　剖面图

西日本综合展示场

福冈　1977
设计：矶崎新工作室

　　将近10 000m² 的无柱巨大展示空间的屋顶由悬吊结构支撑并外露。造型宛如船桅杆一般，其表现与海滨相协调。

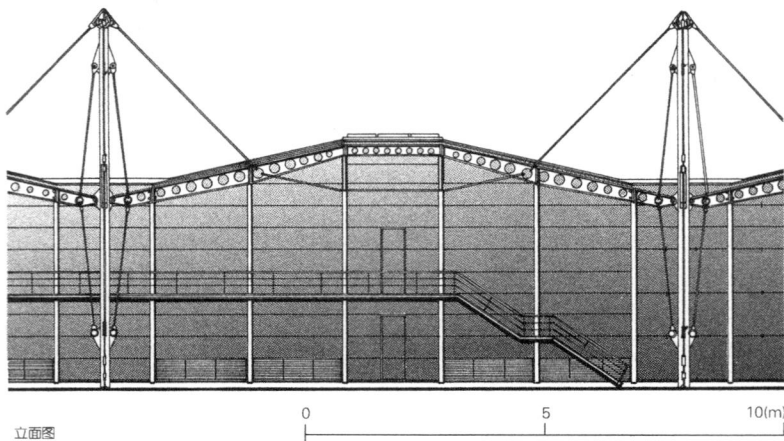

立面图　　0　　　　　　5　　　　　10(m)

英国鲁诺公司部品发送中心

英国　沃如特　1983
设计：诺曼·福斯特

　　悬吊结构支撑的屋顶、无柱的挠弹性的空间、外露的屋架都成功地给人们以高技术外观的印象和强烈的紧凑感。

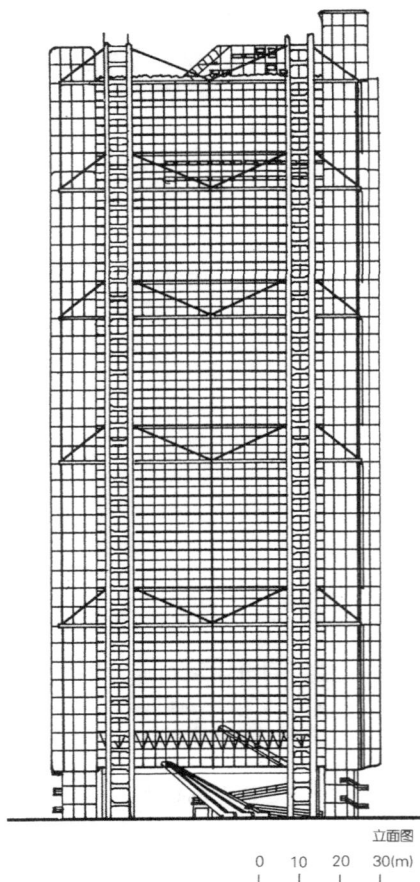

香港汇丰银行大厦

香港　1985
设计：诺曼·福斯特

　　超高层大楼的各层地板由楼梯框架伸出吊杆悬吊，并将其外露，使建筑立面给人以崭新的近未来印象。

立面图
0　10　20　30(m)

熊本北警察署

熊本 1990
设计：筱原一男工作室

　　北警察署地上5层、地下
1层。建筑立面形态为倒立台
形。连续的撑架直接外露，
表现出强烈的伟岸感。

夜景外观

另一个玻璃之家

熊本　1991
设计：叶设计事务所

　　这是几乎没有支柱的玻璃
覆蔽的空间。屋顶、地板为吊
挂结构，其吊臂撑架直接外
露，表现出强烈的伟岸感。

夜景外观

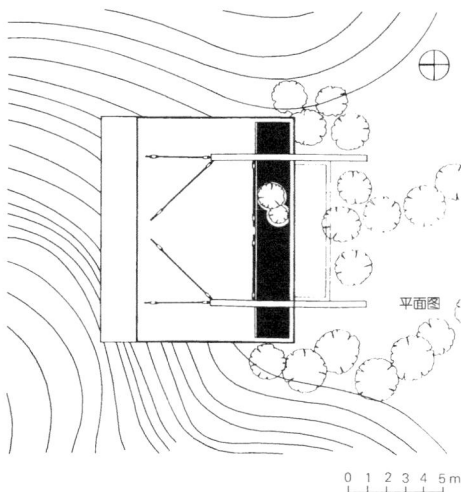

平面图

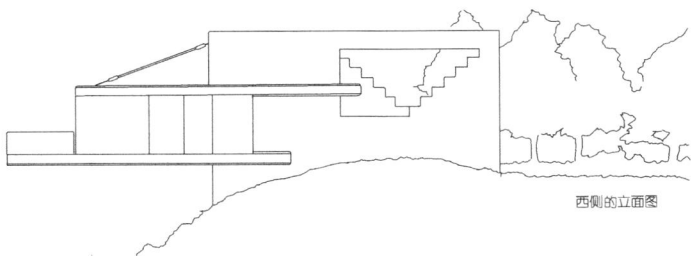

西侧的立面图

0 1 2 3 4 5m

02
设备表现

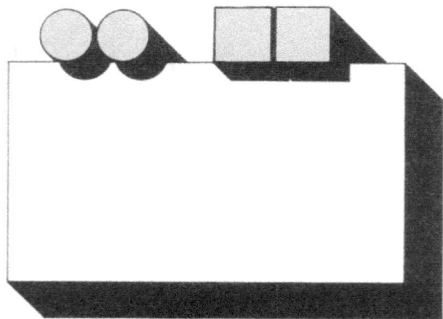

在建筑中，设备原本是必须在内部的，需要遮蔽的丑陋部分，并不是拿出来表现的。但仔细观察其发挥功能的各个形态，会意外地发觉其造型很有趣。特别是空调机、上下水道或煤气管道等，复杂的管道外露的设置，给人以异样的力量感（见图1）。

以科幻电影等出现的近未来城市造型为例，那是援引定型的机械形态。换言之，机械是高技术的象征之一。

被称为现代主义建筑6大巨匠之一的法国建筑家勒·柯布西耶说过："建筑是居住的机器"。建筑实际上是机械表现，获得高技术的印象是完全可能的。

通过积极地运用复杂的设备，排除单纯的追求统一空间与外观的现代主义，给予建筑以与"大式建筑"的装饰性相似的表现，也并非不可能。

于是，以前多隐藏在内部的机械、设备，反之作为建筑的表现，有意外露的设计方法流行起来。

表、汽车等工业产品领域中，原有的将机械部分作为设计表现的方式（见图2、图3），在建筑中也成为有效的表现手法。

不单纯是表现，设备外露也便于维修，调整。具有双重的益处，可谓"一箭双雕"。

可参照以下实例。

作品举例
- 玛亚兹宅邸（巴顿·玛亚斯）
- 蓬皮杜中心（理查德·罗杰斯，伦佐·皮亚诺，阿鲁普）
- 中央银行（江塔·多美尼科）
- 伦敦路易斯大厦（理查德·罗杰斯事务所）
- 滨松科学馆（仙田满＋环境设计研究所）
- KP3号（SKM设计规划事务所）
- 关西新国际空港候机楼（伦佐·皮亚诺日本大厦工作公司，日建设计公司）
- 千驭谷音特斯（竹中工务店）

图1 外露的管道设置实例

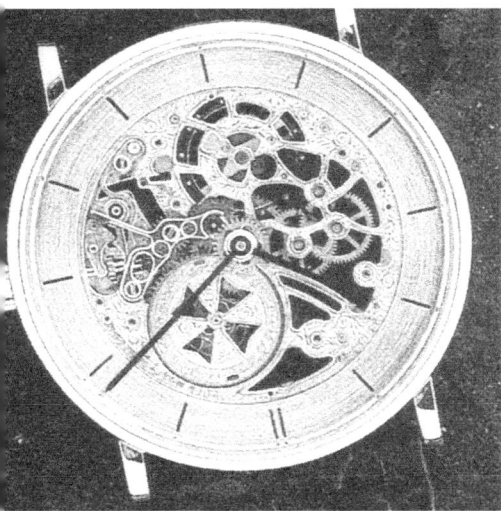

图2 表的机械外露的实例
（斯科尔顿，巴塞罗·康斯坦新）

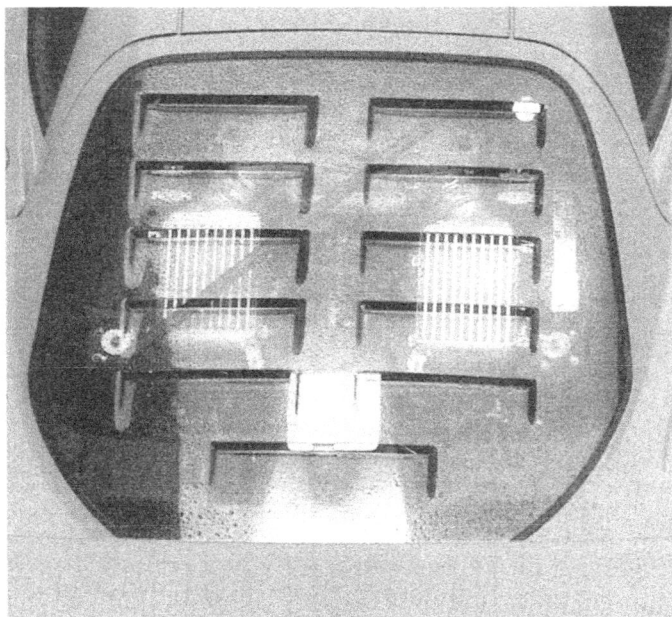

图3 汽车引擎外露的实例（法拉力 F40）

作品举例

玛亚兹宅邸

加拿大 多伦多 1970
设计：巴顿·玛亚斯

　　玛亚兹宅邸是空调机外露的作品。设备是装饰要素之一而起着作用，成为不可缺少的一部分。

内部

蓬皮杜中心

法国 巴黎 1977
设计：理查德·罗杰斯，伦佐·皮亚诺，
　　　阿鲁普

　　蓬皮杜中心的结构、设备、机械及电动扶梯等外露在建筑的立面，获得高技术的表现。这也成功地带来内部空间的扩大。

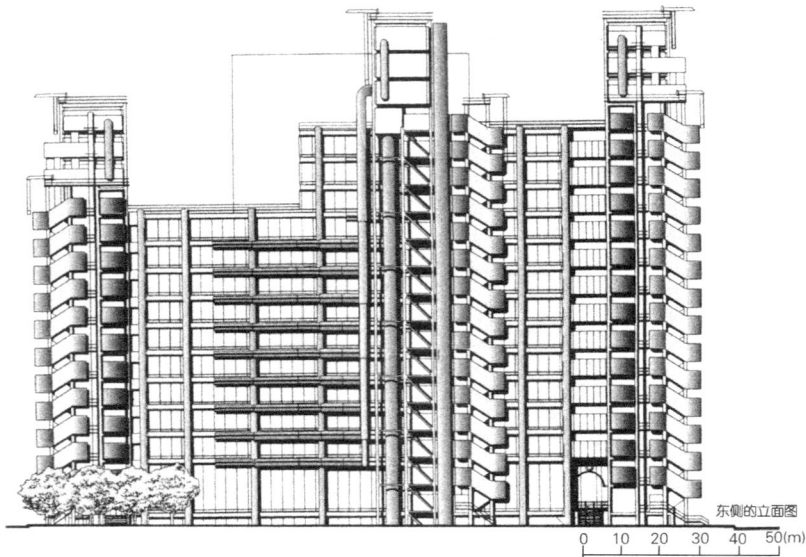

外观

中央银行

奥地利 维也纳 1979
设计：江塔·多美尼科

　　空调机外露，宛如前卫派的雕塑作品。

内部

东侧的立面图

0 10 20 30 40 50(m)

伦敦路易斯大厦

英国 伦敦 1986
设计：理查德·罗杰斯
　　　事务所

　　设备、机械结构不加隐藏，外露在建筑的立面，失去了现代派建筑的特色。反之，成为"大式建筑"那样具有复杂细部的大厦立面。

外观

外观

KP3 号

神奈川 1987
设计：SKM设计规划事务所

工厂建筑的设备类物体置于屋顶之上。设备、机械设在外部，可以获得更大的内部空间。

滨松科学馆

静冈 1987
设计：仙田满＋环境设计研究所

与科学博物馆相适合的立面，空调设备类机器外露，彩色涂装，成功地营造出了气氛。

外观

内部

千驭谷音特斯

东京 1991
设计：竹中工务店

外观是铝合金框架与玻璃。透过玻璃可以看到集中着空调、上下水道等设备的核心部分。

关西新国际空港候机楼

大阪 1994
设计：伦佐·皮亚诺日本大厦工作公司，日建设计公司

结构、设备、机械等几乎全都外露，营造出了使人联想到复杂都市空间的内部空间（见119页剖面图）。

03
人的动线表现

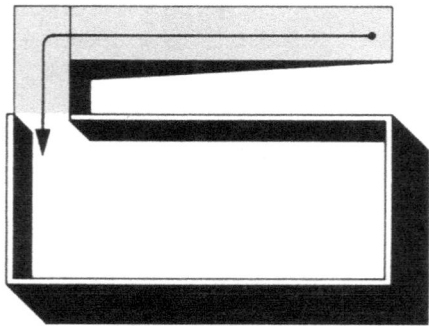

建筑设计中最重要的因素之一是人的动线。所谓"人的动线"是指人在建筑物中的行动路线。路线越短，效率越高，并且，越简单明快，动作便越轻松。所以，如何缩短人的动线，并且使之明快，可以说是评价建筑功能性的指标之一。

住宅及小规模楼房的动线较为简单，但在大规模复合型大厦及城市规模中，动线的短缩则必然会有一定界限，难以避免会有延长及复杂化。

近年来，更为高密度的复合型建筑及城市简直就像迷魂阵一般，自己走在哪里都不知道。这种不安的情况时有发生（见图1）。

于是，在建筑物中，人的动线宛如在透明的圆形管道中行走，可以清楚地看到一切，那就会消除不安感，并可以确实地到达目的地。

在这种视觉化的通道中，人们移动的姿态还可以给予建筑空间及城市空间以有趣的表演效果（见图2）。

不仅是从外部看去的视觉效果，从内部向外部看的视觉效果，也可以加以设计。看什么，如何看，等等。由此，可以给行走于通道的人带来乐趣（见图3）。

实际上，走廊、坡路，或是阶梯、电动扶梯、电梯等一般不设有墙壁，采取透明化的方法，可使其组合对比，或营造出故事性。

另外，部分围障的视觉操作等，其应用手法也极为广泛。

以下，列举数个出色的建筑中的人的动线的设计实例进行解说。

作品举例
● 东三条殿（传统建筑 复原：太田静六）
● 西本愿寺"能乐"舞台桥（传统建筑）
● 桂离宫御幸道（八条宫智仁·智忠亲王）
● 古根海姆美术馆（弗兰克·劳埃德·赖特）
● 沃尔德·维斯特巴黎之家（理查德·迈耶）
● 德赛尔德鲁夫美术馆（詹姆斯·F·斯特林）
● 资生堂艺术之家（规划设计工作室／谷口吉生、高宫真介）
● 兵库县立历史博物馆（丹下健三·都市·设计研究所）
● 谷村美术馆（村野藤吾＋村野·森建筑研究所）
● 土门拳纪念馆（谷口建筑设计研究所）
● 斯图加特新国立美术馆（詹姆斯·斯特林）
● 姬路文学馆（安藤忠雄建筑研究所）
● MAX（宫元健次＋TCA）
● 京都车站大楼（原广司＋笹建筑研究所）

图1　城市空间中人的动线之例（关西新国际空港）

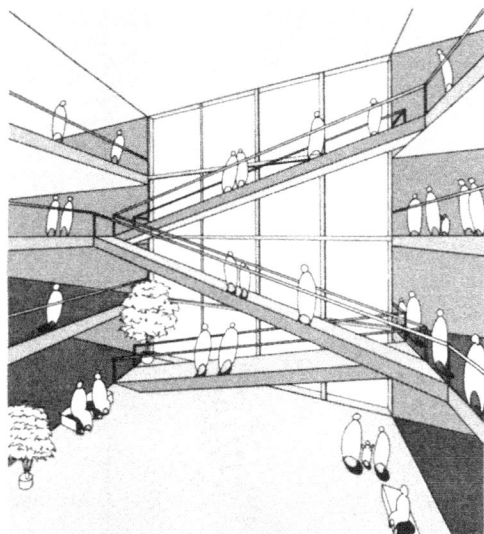

图2　动线的视觉化

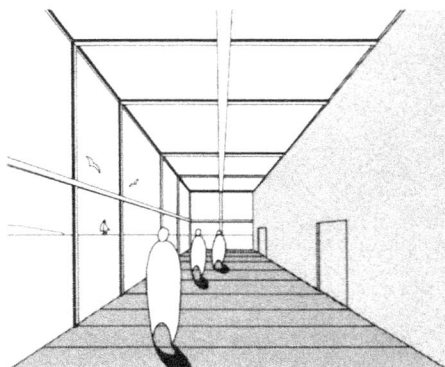

图3　由动线对周边的视觉化

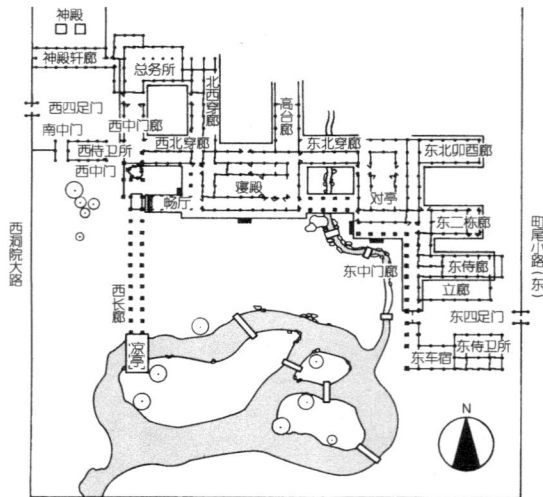

作品举例

东三条殿

京都 1043~1166
传统建筑（复原：太田静六）

在日本，视觉化的动线可见于平安时代称为"寝殿造"结构的贵族住宅形式。其中的"透廊"就是连接池上称为"钓殿"乘凉设施的竖井。当时的人们可以直接观赏起伏的山峦、湖中岛、池水等自然风景式的庭院。

立面图

西本愿寺"能乐"舞台桥

京都 1581
传统建筑

"能乐"是日本的传统艺术，西本愿寺中，"能乐"的舞台桥是为演员出场、退场准备的廊桥。西本愿寺中，"能乐"的舞台桥与舞台斜架连接，由此来强化远近感觉，使演员的动作更具演出效果。特别是西本愿寺的舞台桥，前段变细，更为强化了远近感。

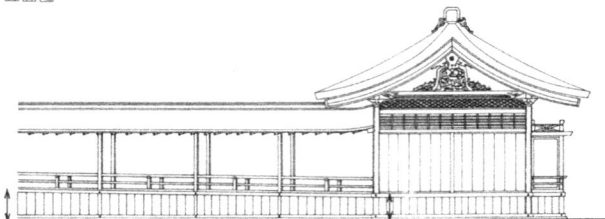

舞台桥前段变细，具有透视效果。

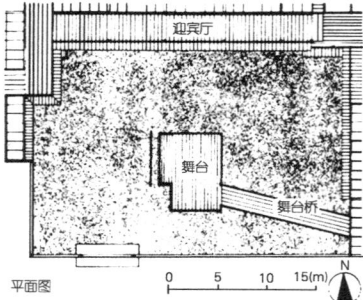

平面图

0 5 10 15(m)

N

桂离宫御幸道

京都 1615~1662
设计：八条宫智仁·智忠亲王

桂离宫是日本代表性的庭院建筑。从桂离宫正门的"御幸门"进入，沿着树墙围立的"御幸道"向里逐步延伸。这条通路宛如庭院，达到土桥时，庭院也扩展开来，使人有饱览美景的心情。这一演出效果，从现代的观点来看，可以说是极为高度的视觉操作。

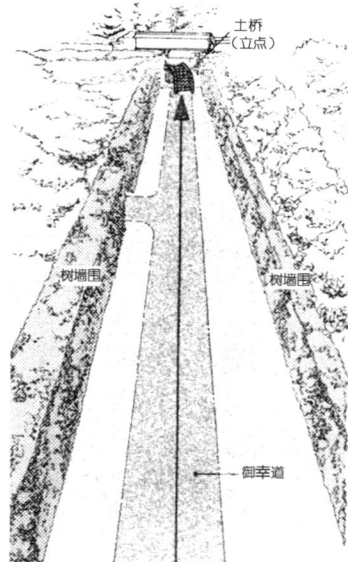

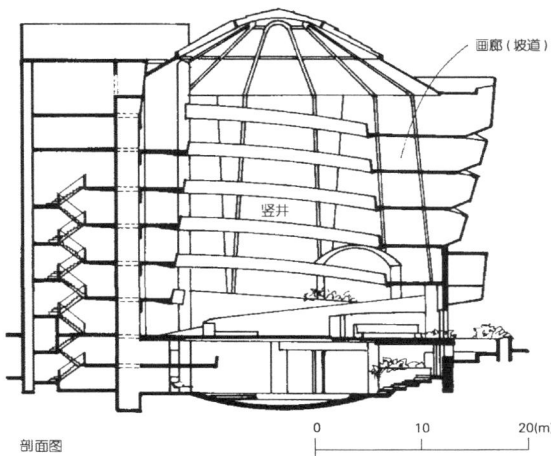

剖面图

画廊（坡道）

竖井

0　　10　　20(m)

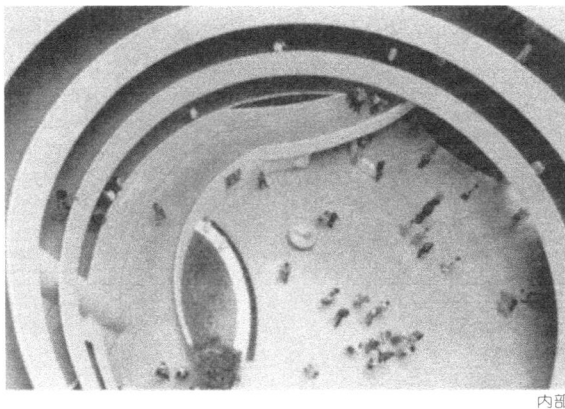

内部

古根海姆美术馆

美国　纽约　1959
设计：弗兰克·劳埃德·赖特

竖井空间架设旋转向上的坡道，并称其为"展室"。入场者首先乘电梯到最上层，从那里沿着缓缓坡道边向下走，边观赏画。比例尺寸极为合适。虽然也有人指出坡道不适合观赏绘画，但自己在建筑物的什么地方走，十分明了，所以可以很专心地观赏。

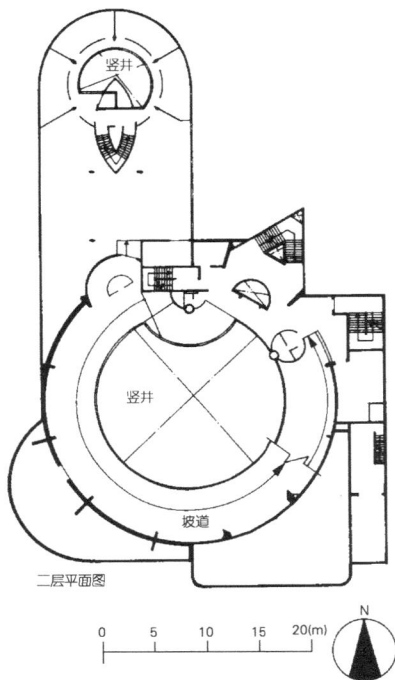

竖井

竖井

坡道

二层平面图

0　　5　　10　　15　　20(m)　　N

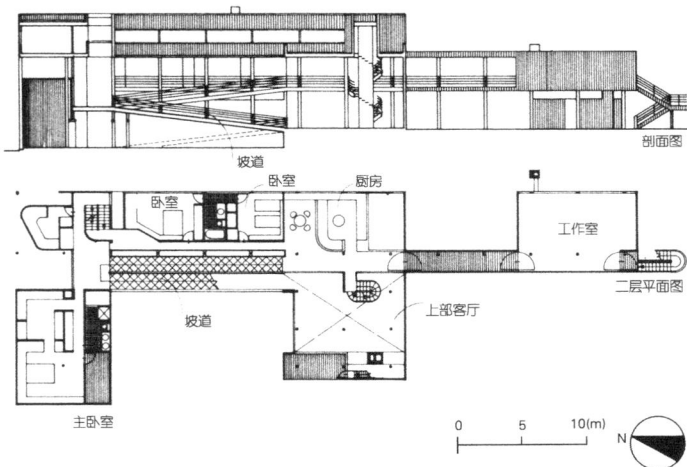

剖面图

坡道

卧室　卧室　厨房

工作室

二层平面图

坡道

上部客厅

主卧室

0　　5　　10(m)　　N

沃尔德·维斯特巴黎之家

美国　纽约　1973
设计：理查德·迈耶

这是住宅动线视觉化之例。各居住空间以镶嵌玻璃的坡道连接，人的一切都如同进入透明容器里的珠玉一般，具有视觉化。

德赛尔德鲁夫美术馆

德国　德赛尔德鲁夫
设计：詹姆斯·F·斯特林

德赛尔德鲁夫美术馆是英国建筑师所设计，道路上下的电梯与缓缓的坡道左右两侧人的行动并列对比，十分有趣，具有英国建筑师所特有的幽默设计风格。

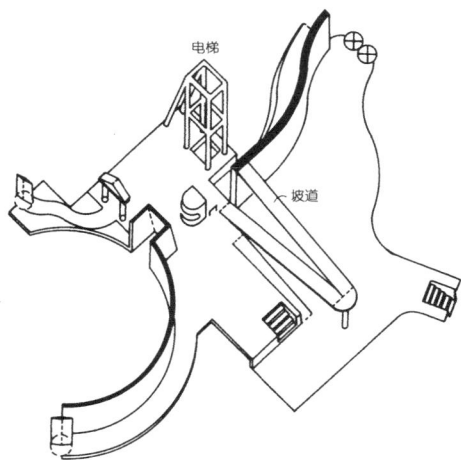

电梯

坡道

平面图

0　　　　5　　　　10(m)

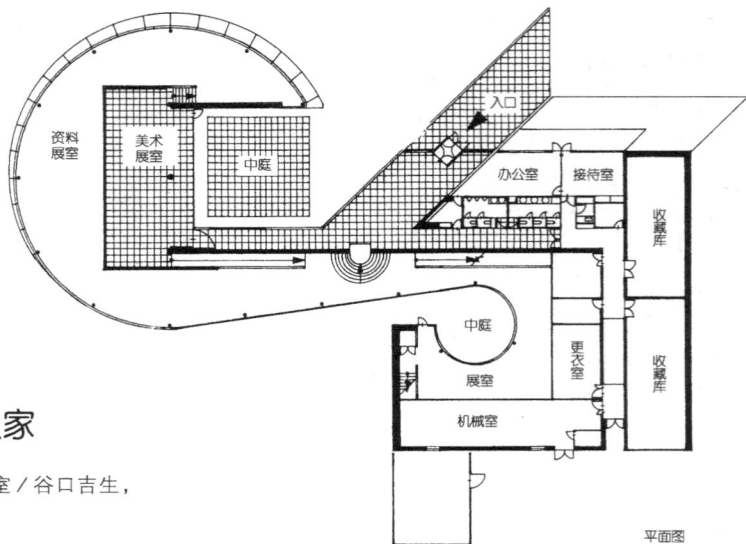

资生堂艺术之家

静冈 1979

设计：规划设计工作室／谷口吉生，
　　　 高宫真介

　　沿着围绕中庭的空间，边观赏壁画展览边向前走，不知不觉到了外边，视野突然开阔。空间的转化设计巧妙。

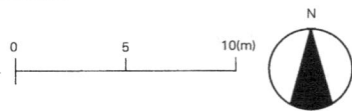

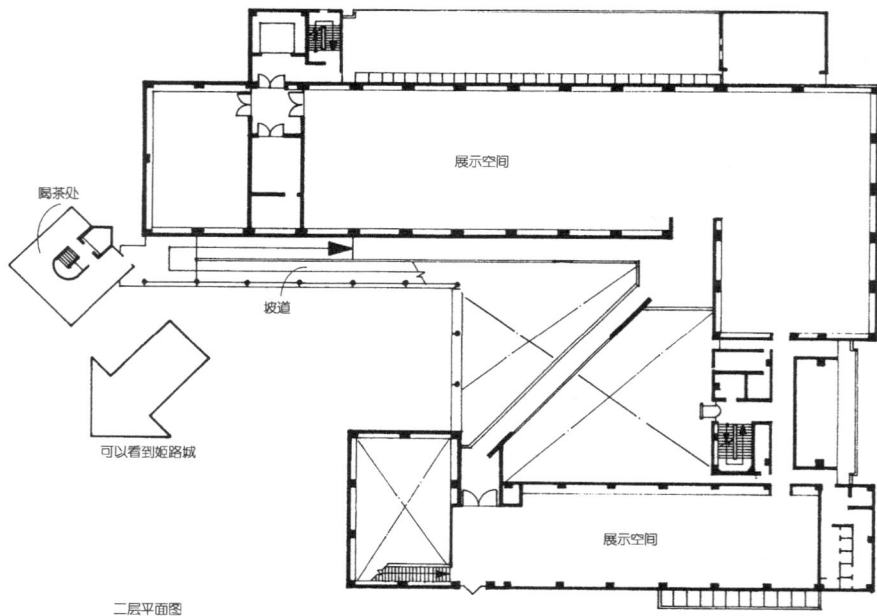

二层平面图

0　　　　10　　　　20(m)

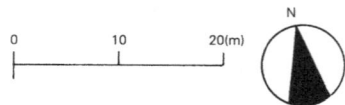

兵库县立历史博物馆

兵库 1982

设计：丹下健三·都市·设计研究所

　　兵库县立历史博物馆是展示姬路城遗品为主的博物馆。从大厅沿着镶有玻璃的坡道上到展室，沿途可以看到姬路城。在坡道折返的位置设置了喝茶处，在这里也可以看到姬路城。

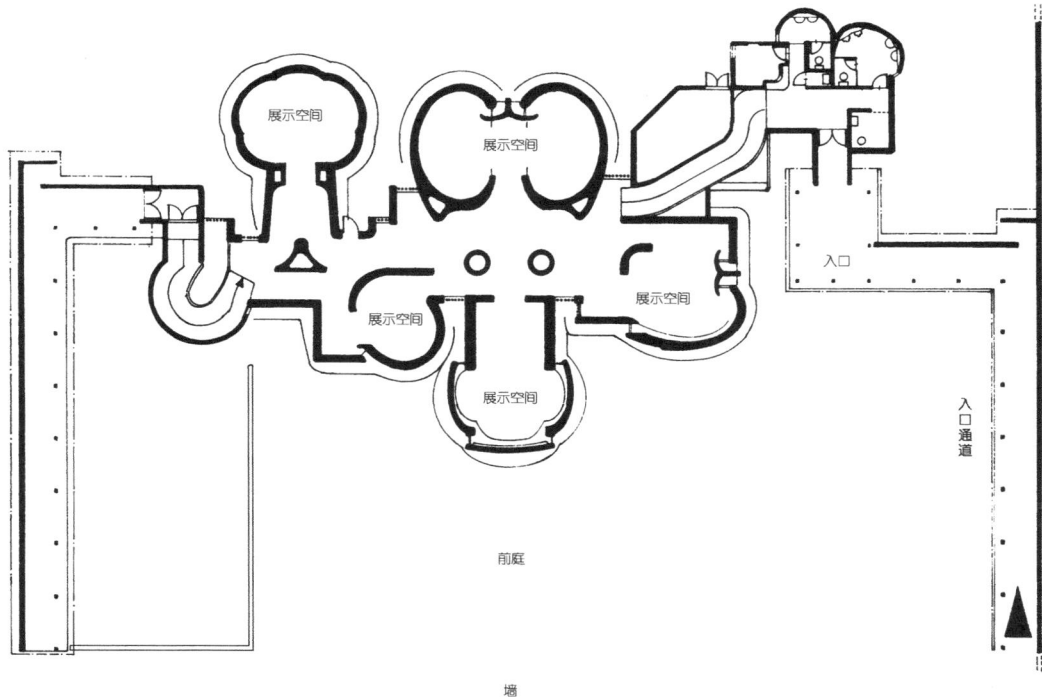

展示空间
展示空间
展示空间
展示空间
展示空间
入口
入口通道
前庭
墙

平面图

0　　　　　　　　10　　　　　　　　20(m)

N

谷村美术馆

新潟　1983
设计：村野藤吾+村野·森建筑研究所

谷村美术馆是专用于展示佛像的美术馆，不设置入口大厅，而以直线的回廊取代，以适合步行观赏。展示空间完美地容纳着一座座佛像。所设计的建筑物与观赏前的高昂心情、观赏后的余韵相适应。

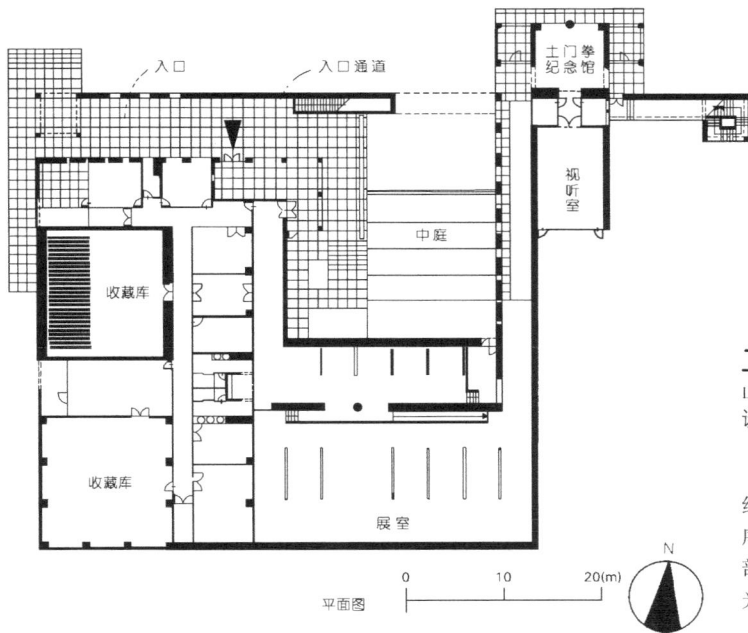

入口
入口通道
土门拳纪念馆
视听室
中庭
收藏库
收藏库
展室

平面图

0　　　　10　　　　20(m)

N

土门拳纪念馆

山形　1983
设计：谷口建筑设计研究所

在环池一周的散步路中设置了土门拳纪念馆的入口和出口，成为自然进入的程序。其主要藏品为照片，所以展室内部全部设计为人工照明。在徐徐漫步中，自然光线与人工光线的设置渐渐转换。

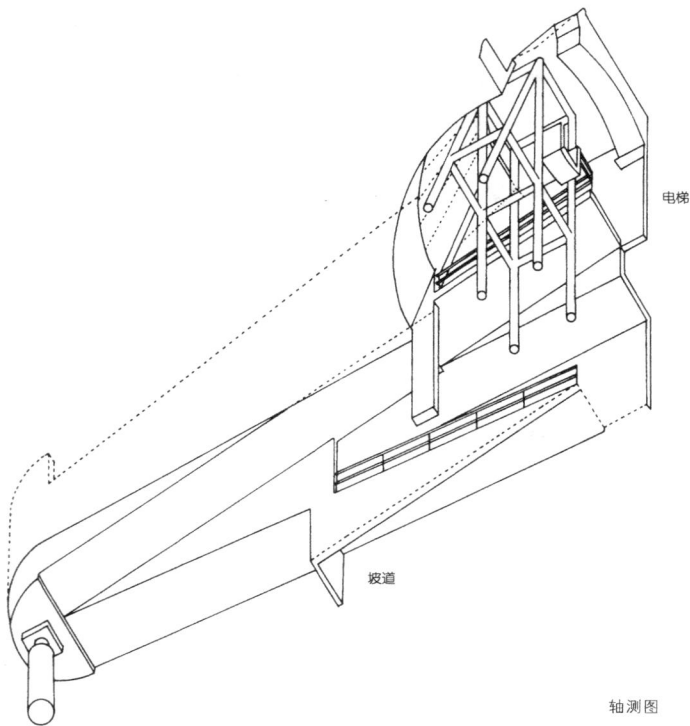

电梯

坡道

轴测图

斯图加特新国立美术馆

德国　斯图加特 1984
设计：詹姆斯·斯特林

　　第23页曾列举了该设计者所设计的德赛尔德鲁夫美术馆。斯图加特新国立美术馆与德赛尔德鲁夫美术馆同样，由上下垂直的电梯的动线与缓缓坡道的水平动线形成并列、对比。

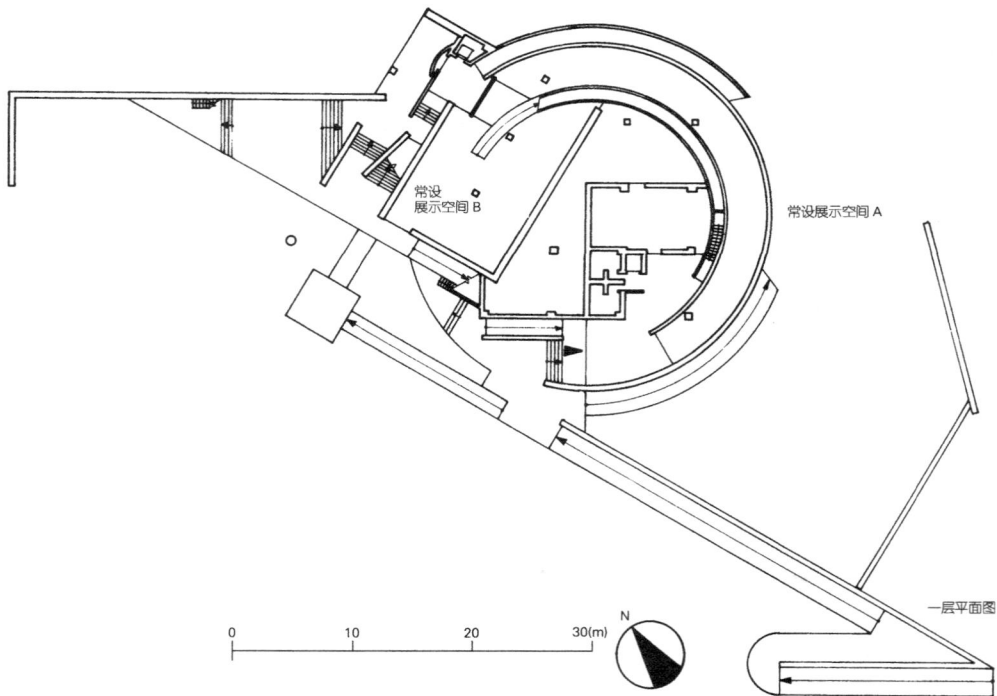

常设
展示空间 B

常设展示空间 A

0　　　　10　　　　20　　　　30(m)

N

一层平面图

姬路文学馆

兵库 1991
设计：安藤忠雄建筑研究所

　　入场者是在步行之中被自然而然地引导进到内部的，并意识不到复杂的内部动线，而极为自然地在场内巡游起来。

内部透视图

人
的
动
线
表
现

模型剖面

MAX

千叶 1993

设计：宫元健次 + TCA

　　该建筑的竖井大厅设置了透明的电梯，电梯周围有回旋的阶梯，大厅的顶棚镶有玻璃，使电梯及人的动线形成视觉化。

内部

京都车站大楼

京都 1997

设计：原广司 + 筏建筑研究所

　　京都车站大厅设置了滚梯与大阶梯，这与两侧各层的店铺成动线。阶梯的空间可以举行音乐会等，是富有魅力的城市空间。

04
空气的动线表现

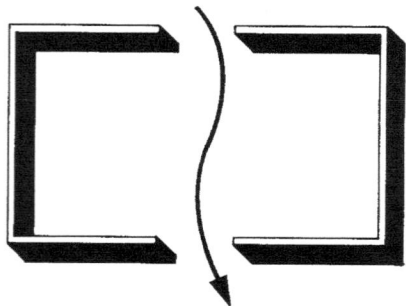

作品举例

● 海得拉巴的风窗（传统建筑）
● 可巴（印第安住宅）（传统建筑）
● 温达姆的滑雪小屋（人间/空间公司）
● 达马克西沃住宅（B.富勒）
● 野泽的滑雪休息屋（早稻田大学U研究室）
● 星野山庄（奥村昭雄）
● 名护市政厅（象设计集团＋Mobile工作室）

所谓"空气的动线"是在建筑物中空气的流动线路。例如，南北方向等易于通风的部位开设开口部，以提高通风换气性能。暖气总是在建筑物的上层，冷气总是在建筑物的下层，利用这一特征，有效地设计冷、暖气供应也是重要的设计要素之一。

日本的建筑物自古多是大的斜面屋顶，这与日本的气候风土密切相关，是多雨等种种原因所导致。其次，主要是从空气动线（见图1）的观点来考虑。

夏季与冬季，或是日间与夜间的温度变化显著的气候条件下，称为"积气"的大屋顶的内部空间，发挥积蓄空气的作用。白天，积蓄着上升来的暖气，到了夜间，这些暖气徐徐变凉下降，这使得室内的温度变化控制在最小限度。现在，这一体系受到瞩目（见图2）。

如果室温不能保持在一定的范围内，居住生活会成为什么样呢？夜间，室温剧烈变化，人便难以安眠。即越睡越冷，可导致感冒，伤害身体等。夸大一点也许可以说，积气少的建筑是使人患病的建筑。

现代派建筑出现之后，日本的许多建筑物变成积气少的箱体建筑。这种形态，从空气动线的观点来看，并不一定适合日本的气候。作为这种形态的代价补偿，依赖空调等机械系统的倾向增高。

而依赖空调等机械系统等倾向增高，其结果，形成自然界的"积气"现象（见图3），由于"积气"产生的作用，使人口集中地区的气温上升，并由此引起暴雨等现象，使环境显著恶化。

近年来，自古以来的日本建筑物与环境共生的空气调整体系——"积气"等大屋顶的内部空间形式，再次受到注目。

以下列举一些空气动线的代表实例。

图1 日常空气动线之例

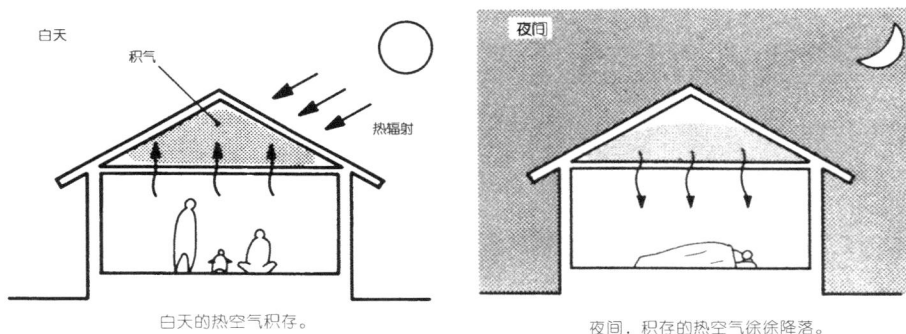

白天

积气

热辐射

白天的热空气积存。

夜间

夜间，积存的热空气徐徐降落。

图2 白天与夜间的积存空气流动

以关东平原西部的东京市为中心，热量向四周扩散。

图3 "热岛"现象的图示

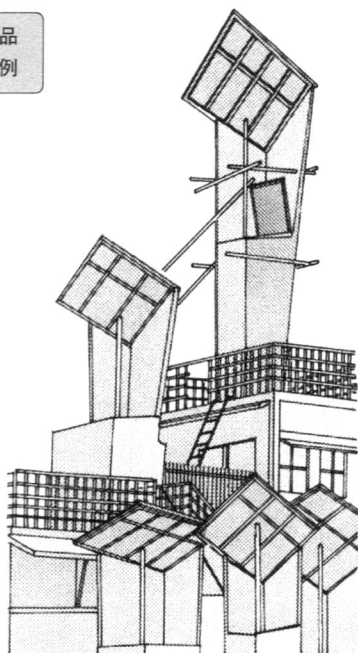

作品举例

海德拉巴的空调风窗

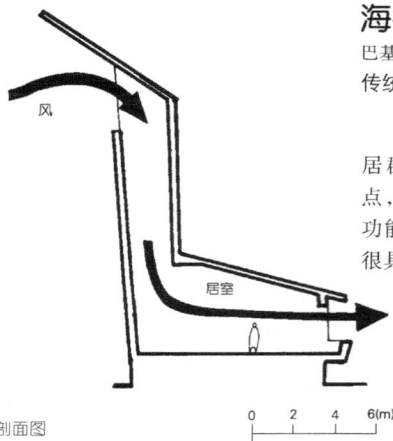

送风扇
热水用热交换器
碎石蓄热室
楼梯室
窗兼用集热器
反射板
玻璃集热器
加热空气的流动
起居室
卧室
反射板
车库

剖面图

0 1 2 3 4 5(m)

温达姆的滑雪小屋

美国 贝尔蒙德 1971
设计：人间/空间公司

为了冬季供暖，通过反射板将太阳光热集于玻璃面，并以碎石蓄热的结构。

达马克西沃住宅

项目设计 1927
设计：B.富勒

尽可能地使温风通过建筑物的壁面，使建筑物的温度变化不直接影响室内。

海得拉巴的风窗

巴基斯坦 信德 15世纪
传统建筑

这是海德拉巴自然形成的住居群。房屋上部的风窗很有特点，起着良好地对应酷暑的空调功能。塔状风窗排列的景观也是很具魅力的群体造型。

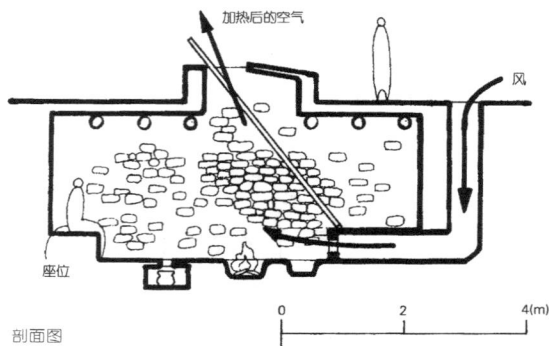

风
居室

剖面图

0 2 4 6(m)

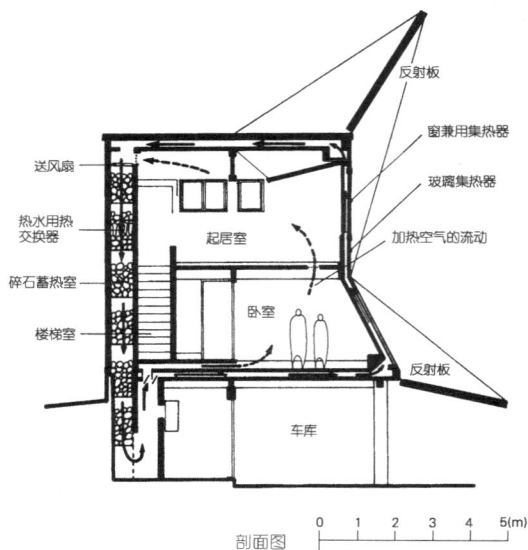

加热后的空气
风
座位

剖面图

0 2 4(m)

可巴（印第安住宅）

墨西哥 可瓦瓦 13世纪
传统建筑

印第安住宅"可巴"建于不受气温影响的地下，可以有效地保持室温。

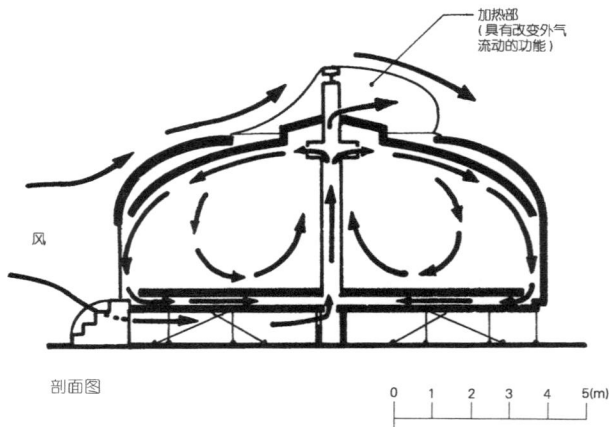

加热部（具有改变外气流动的功能）
风

剖面图

0 1 2 3 4 5(m)

野泽的滑雪休息屋

长野　1969

设计：早稻田大学U研究室

　　野泽的滑雪休息屋中央设置了竖井，由竖井下部的火炉送暖气到建筑物整体。

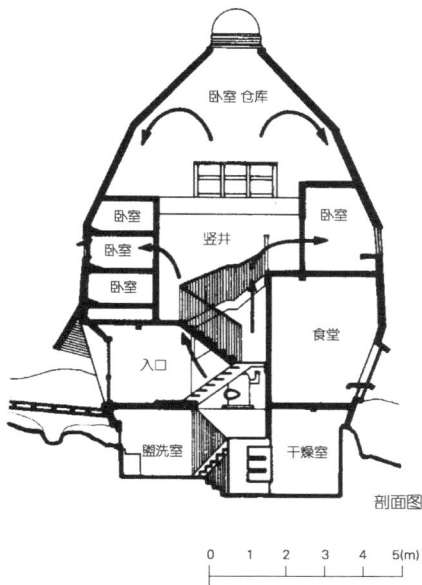

剖面图

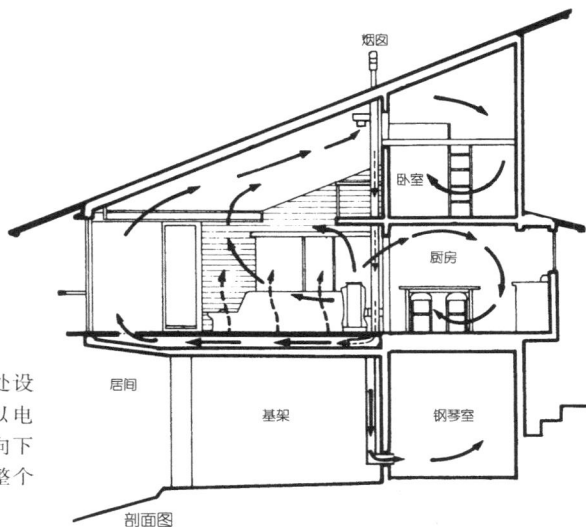

烟囱

剖面图

空气的动线表现

星野山庄

长野 1973

设计：奥村昭雄

　　星野山庄的平面中央处设置了火炉，炉体外露，以电扇将存储在屋顶的暖气送向下部，以防止热量流失，使整个室内充满温暖。

名护市政厅

冲绳　1981

设计：象设计集团＋Mobile工作室

　　这是不使用空调进行空气调节的大楼建筑实例。大楼坐落在面向海边的山丘上，设计了将海风引向室内的"风道"设施。

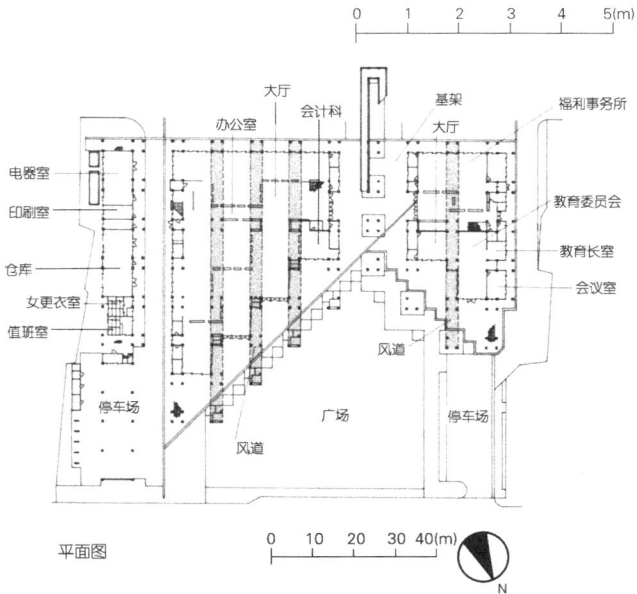

平面图

内部

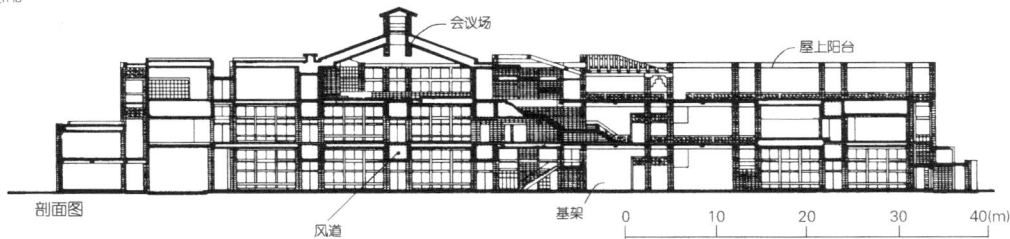

剖面图

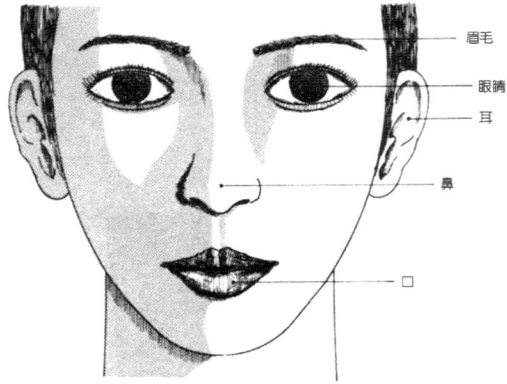

图1　按功能区分之例（人的面部）

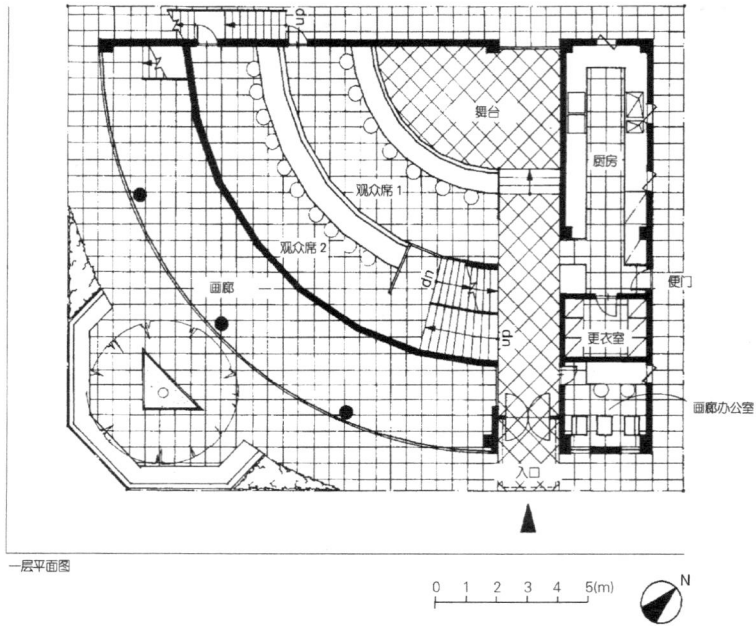

一层平面图

0　1　2　3　4　5(m)

图2　商业空间与服务楼的明快分割之例

图3　模型外观

区

第
2
章

分

总论

01 分割

02 移位

03 设置

04 楔入

05 连接

06 排列

现代派建筑以"功能表现"为特征，按照"功能"还需进行"区分"。即，将空间及构成要素按照各自的"功能"进行明确区分。

现代派建筑的设计师们常以自然界的动、植物为例提出自己的主张。例如，人的身体中，脸部，作为视觉功能有眼睛，作为嗅觉功能有鼻子，作为语言和摄取营养的功能有嘴，作为听觉功能有耳朵，等等。按照"功能"明确地进行"区分"（见图1）。

在当今的建筑中，不仅要有明确性，现代派建筑所抛弃的暧昧性及象征性这些辅助要素也重新受到重视，并非是所有的事物都进行"区分"表现为好。

明确区分建筑物的功能，简单明了地进行设计，这样在将建筑作为用具观察时，一眼便可以理解其使用方法，在这一点上应给予高度评价（见图2，图3）。

20世纪后期掀起了反现代派建筑运动的标志主义，注重象征性及暧昧性。我们的目光在转向象征性及暧昧性之前，作为建筑设计的基础，首先要特别注重以观察作为方法。

本章在"区分"的方法中，划分出"分割"，"移位"，"设置"，"楔入"，"连接"，"排列"等6个类型。以下通过对各项的各个实例进行观察和理解。

01
分割

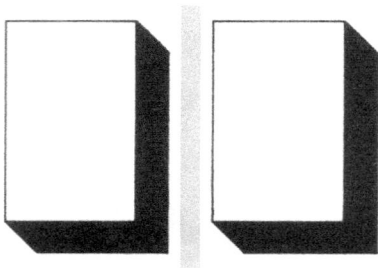

如前所述，现代派建筑的最大特征，是表现"功能"。即，由各个"功能"进行分割、区分。可以说明确表现数个"功能"的重合是其常用的手法。

这样的分割、区分并不局限于现代建筑，动、植物的形态也一样。例如人的身体，按照功能明确地划分为头部、躯干部、手、脚（见图1）等。可以说"区分"是生物进化过程中所达到的一个结点，也可以说是整体设计最基本的表现方法。

这一表现方法看似简单，但实际使用起来并不容易。以住居为例，社会空间、个人空间、工作空间，至少要有这3个不同功能的重合，才有可能服务于生活。尽管各个功能分割开来表现，但实际上，各个功能必须相互连接，由此来形成一个建筑物。

为此，不仅对各个要素的形状要给予变化，还要通过结构、样式、材料、形态对比等来强调区分的表现。各要素的衔接部分的设计等也要从多方面进行思考（见图2）。例如，形状上，由立方体和长方体组合。结构形式上，分成钢骨结构和壁式结构。在样式上，有日本式和西洋式的对比。在材料上，有钢结构和钢筋混凝土结构的分离等等。由此，使形态上进行变化。方法可以说不胜枚举。

以下对"分割"的表现方法，通过典型实例进行解说。

作品举例

● 鹿苑寺金阁（传统建筑）

● 联合教堂（弗兰克·劳埃德·赖特）

● 施罗德住宅（吉瑞特·里特维尔德）

● 公立包豪斯校舍（沃尔特·格罗皮乌斯）

● 瑞士学生宿舍（勒·柯布西耶）

● 玻璃之家（菲利普·约翰逊）

● 菲夏宅邸（路易斯·I·康）

● 千泷之家（清家清）

● 有贺宅邸（宫胁檀建筑研究室）

● 笠间之家（伊东丰雄建筑设计事务所）

● 东京国际会议厅（拉法艾鲁·巴尼奥立建筑事务所）

● 小筱宅邸（第2期）（安藤忠雄建筑研究所）

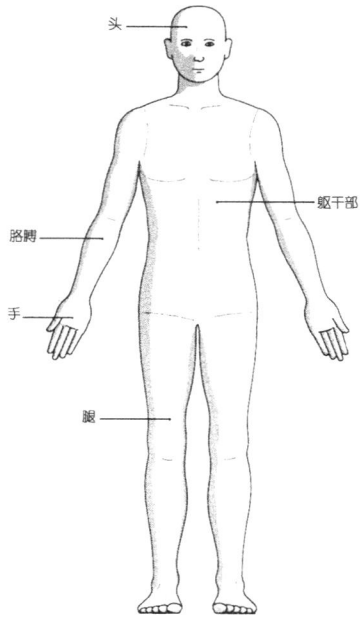

头

躯干部

胳膊

手

腿

图1　按照功能进行划分之例（人体）

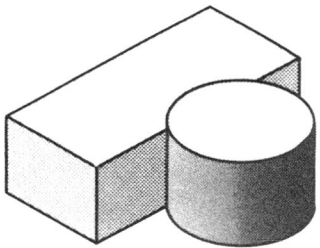

形状的区分

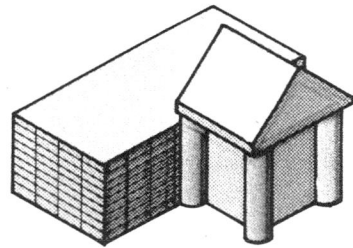

样式的区分

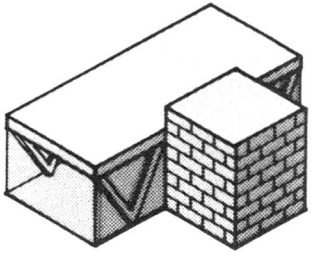

结构的区分

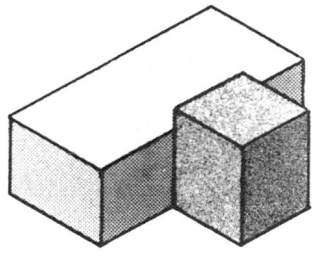

材料、组织的区分

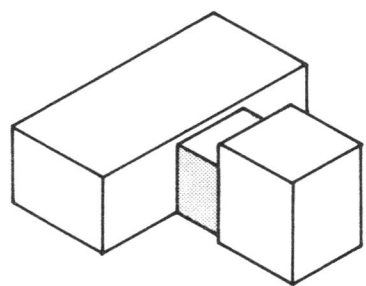

衔接部分的设计例

图2　分割的技巧

鹿苑寺金阁
京都　1397（1955年重建）
传统建筑

　　鹿苑寺金阁在建筑样式上，底层为住宅风格，二层为日式佛堂风格，三层为禅宗佛堂风格。各层作了区分，造型端庄。可以看出其深深蕴藏着细致周到的创意。

外观

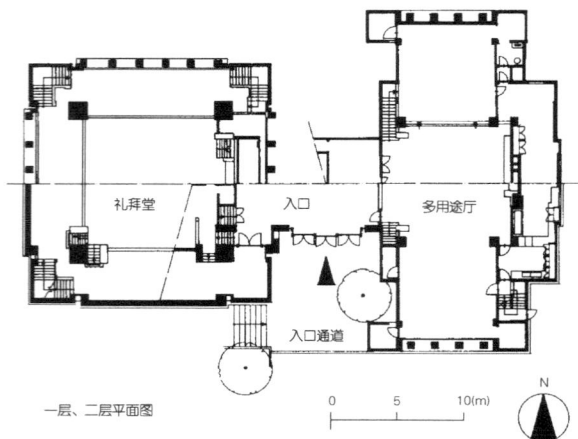

礼拜堂　　入口　　多用途厅

入口通道

一层、二层平面图

0　　5　　10(m)

N

联合教堂
美国　伊利诺伊州　1906
设计：弗兰克·劳埃德·赖特

　　联合教堂的礼拜堂与多功能厅楼栋通过入口大厅连接，分割明快，是现代派建筑6大巨匠之一赖特的成名作。

施罗德住宅
荷兰　乌德勒支　1924
设计：吉瑞特·里特维尔德

　　建筑的各个构成要素明确分割，同时又形成一个整体。是现代派建筑潮流之一，"风格派"的具体表现形式。

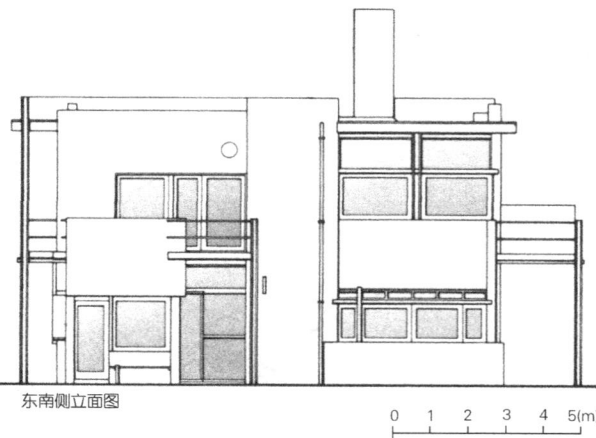

东南侧立面图

0　1　2　3　4　5(m)

公立包豪斯校舍
德国　德绍　1926
设计：沃尔特·格罗皮乌斯

　　包豪斯的校舍是现代建筑运动的圣地，这是由第一任校长沃尔特·格罗皮乌斯所设计。以阳台明确分割建筑物主体。其校舍本身便是教授现代建筑的一本教科书。

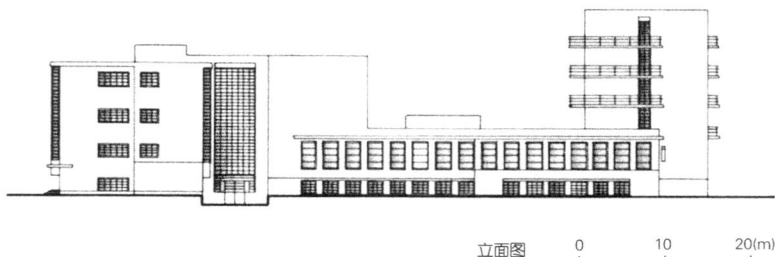

立面图

0　　10　　20(m)

瑞士学生宿舍

法国巴黎 1932
设计：勒·柯布西耶

瑞士学生宿舍是现代派建筑6大巨匠之一勒·柯布西耶的代表作之一。一层为基架式，与二层以上的标准楼层，以及楼梯间进行明确区分。

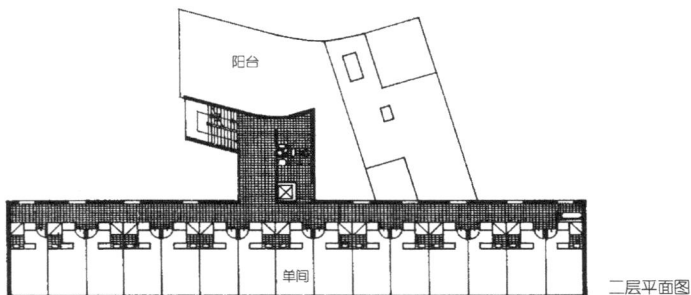

阳台

单间

二层平面图

厅

一层平面图

N

0 10 20(m)

分

割

玻璃之家

美国 康涅狄格州 1949
设计：菲利普·约翰逊

玻璃之家的主要结构是独立式浴室，呈圆柱体，其作为建筑物的中心，并与镶嵌玻璃贴面的建筑物主体明快区分（见11页外观照片）。

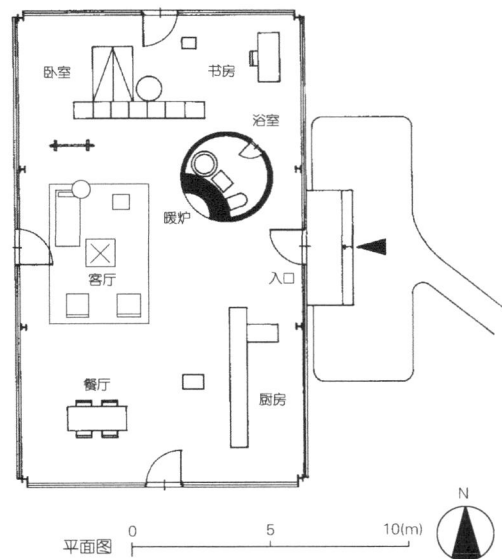

卧室 书房
浴室
暖炉
客厅
入口
餐厅 厨房

平面图 0 5 10(m)

N

餐厅
厨房
暖炉
客厅

入口
浴室 厕所 主卧室

平面图 0 1 2 3 4 5(m)

N

菲夏宅邸

美国 宾夕法尼亚州 1969
设计：路易斯·I·康

菲夏宅邸中，作为社会空间的客厅、餐厅与作为个人私密空间的卧室、浴室、盥洗室斜面移位进行分割。暖炉设置于房间中央，以合适的角度巧妙地将餐厅与客厅划分开来，很令人耳目一新。

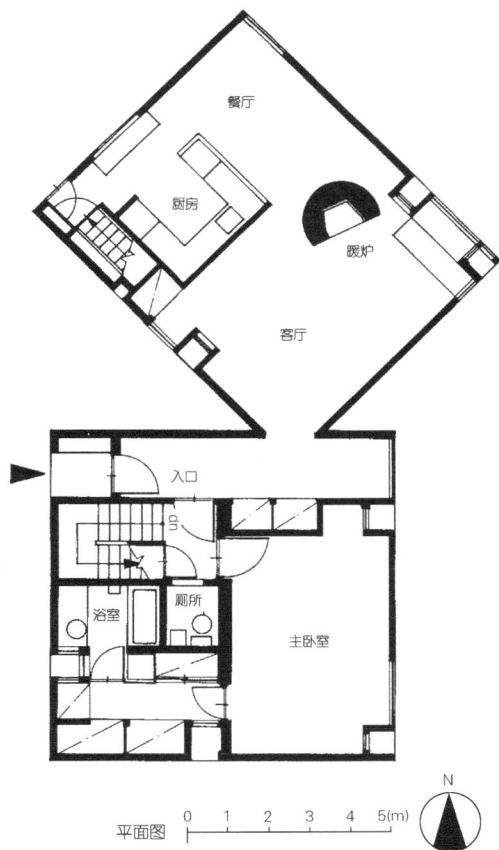

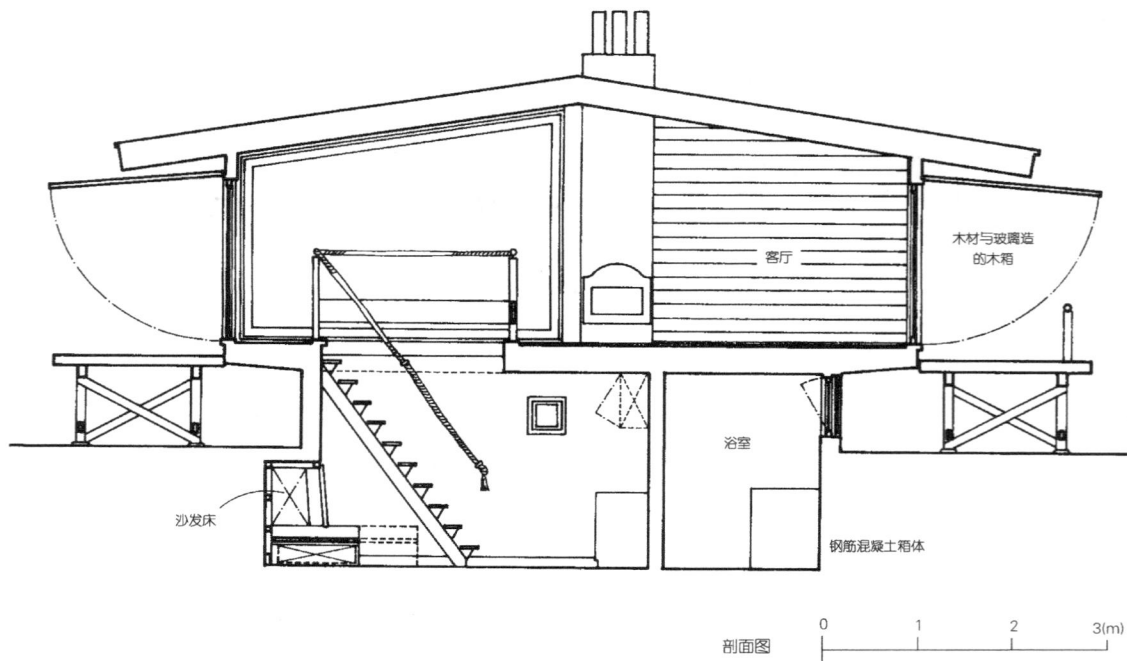

剖面图

木材与玻璃造
的木箱

客厅

浴室

钢筋混凝土箱体

沙发床

0　1　2　3(m)

千泷之家

长野　1969
设计：清家清

　　千泷之家刻意地"区分"夏季观赏
新绿的贴了玻璃的上层，以及冬季避
寒用的钢筋混凝土结构的半地下室。
具有季节性强的特点。

外观

有贺宅邸

群马　1979
设计：宫胁檀建筑研究室

　　有贺宅邸的一层为日式木结构建
筑，二层为西洋式结构的建筑。二层
的轴线移位，结构为钢筋混凝土。分
割明快。

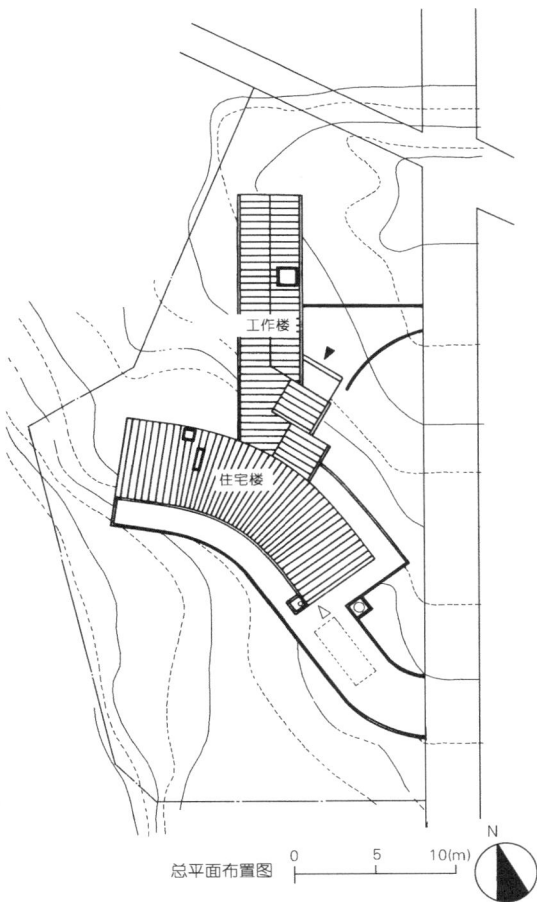

外观

总平面布置图

笠间之家

茨城　1981
设计：伊东丰雄建筑设计事务所

　　笠间之家是按照地形巧妙设置的建筑物。居住用楼栋与工作用楼栋分割。

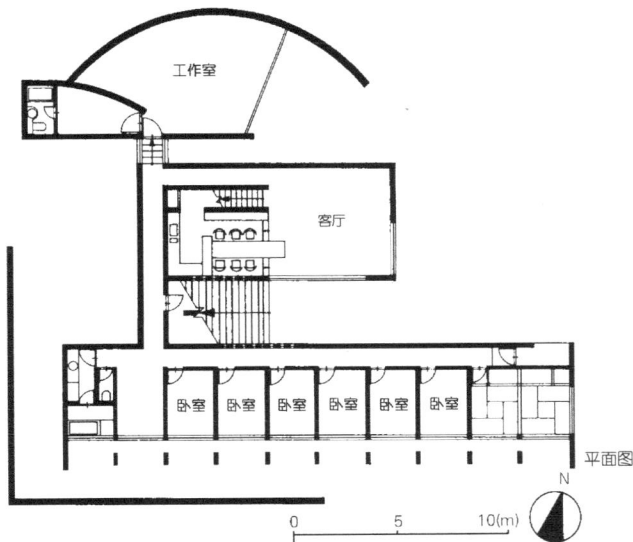

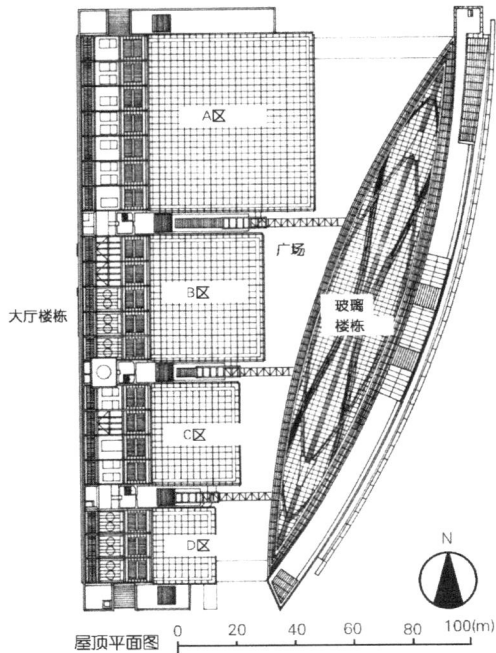

屋顶平面图

东京国际会议厅

东京　1996
设计：拉法艾鲁·巴尼奥立建筑事务所

　　东京国际会议厅以诺亚方舟为形象，设计为船形的玻璃大厅楼栋。并与4个大小不同的展示空间明确分割表现出来。

平面图

小筱宅邸（第2期）

兵库　1984
设计：安藤忠雄建筑研究所

　　小筱宅邸（第2期）中，作为社会空间的客厅与餐厅，与作为个人私密空间的单间居室，以及工作楼栋，都进行明确区分。

02 移位

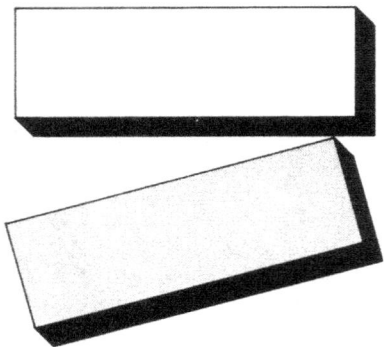

现代派建筑的首要目标当然是表现功能，其次是工业化大量生产。以往，样式建筑具有复杂的细部，几乎全靠手工作业。与当代的建筑相比，生产效率极低。为此，价格昂贵，难以普及。成功者寥寥无几。

工业革命以后，开始了工厂的大批量生产，成本急剧下降。于是，建筑成为一般大众也可以获得的东西。

但是，因为初期的工业生产技术不成熟，难以造出具有复杂细部的产品。所以，当时出现的现代派建筑也难免造型简单单调（见图1）。

以后，随着工业技术的飞跃发展，产生多样造型的条件趋于成熟。

到第2次世界大战结束之后，出现称为"高度成长期"的复兴期。在战争的焦土上重建，这一复兴期直到20世纪80年代才告结束。

此后，进入了"快速生财"的"泡沫经济时期"，个人消费加快，迎来了个人价值观多样化的时期，这一时期称为"余暇时代"。在这一时期，人们开始对以往简单单调的现代派建筑进行反省。随着生产技术的进步，"现代标志主义"的动向出现了。可以说，"现代标志主义"这一新潮流的最大造型特征就是"移位"（见图2）。

特别是在20世纪80年代，改革现代派建筑最广泛的手法之一，就是将现代派建筑简单明快的功能"分割"改为"移位"。由此，以最新的技术将现代派建筑摒弃的暧昧性加以恢复（见图3）。

以下列举数个作品说明"移位"的方法。

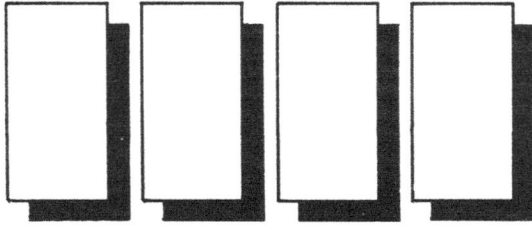
图1　现代派建筑中的连续性

图2　日常生活中的移位造型（三尾神社院内）

图3　现代标志主义的不连续性

移

位

作品
举例

比萨斜塔
意大利 比萨 1173~1350
传统建筑

比萨斜塔是意大利最为著名的观光圣地之一。大概是因为地基工程的失误而倾斜，但如果没有这一倾斜也不会如此出名，"倾斜"与周围产生"移位"，这是引起人们兴趣的原因所在。

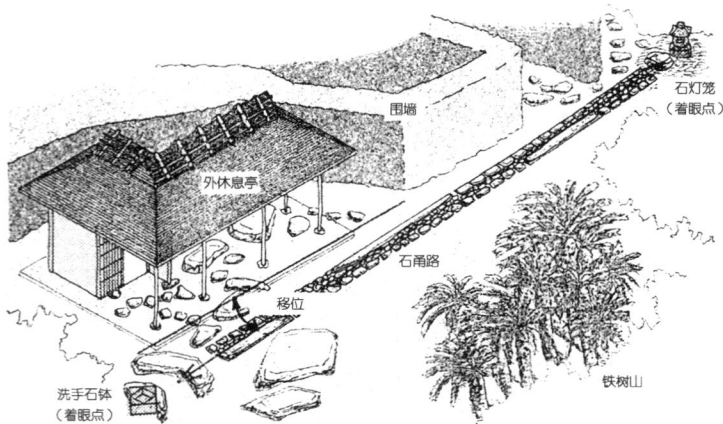

石灯笼
（着眼点）

围墙

外休息亭

石甬路

移位

铁树山

洗手石体
（着眼点）

桂离宫外休息亭
京都 1615~1662
设计：八条宫智仁·智忠亲王

桂离宫外休息亭与前庭的石甬路轴线移位，洗手石体与石灯笼为点在石阶上行走，可以产生出更为强烈的远近感觉，可以说是找到了一种透视法。

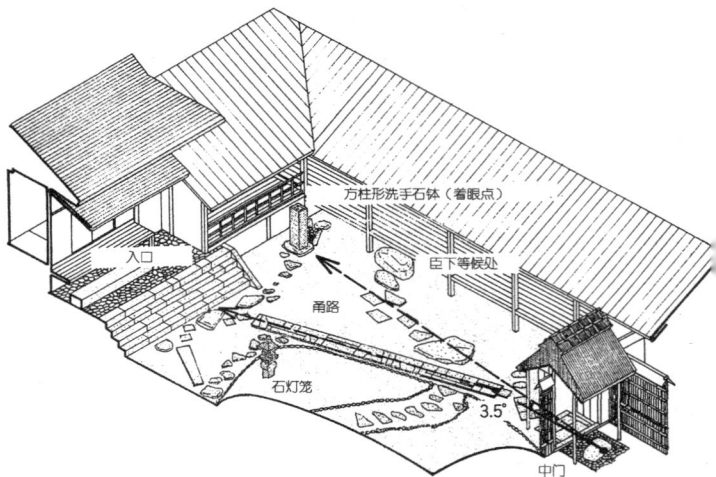

方柱形洗手石体（着眼点）

入口

臣下等候处

甬路

石灯笼

3.5°

中门

桂离宫前庭
京都 1615~1662
设计：八条宫智仁·智忠亲王

桂离宫的中门右墙侧移位3.5°，所以可以认为是强化了正面的洗手石体为点的远近感觉的透视法。进入前庭，又可以看到石阶移位设置，可以说这也是一种透视法。

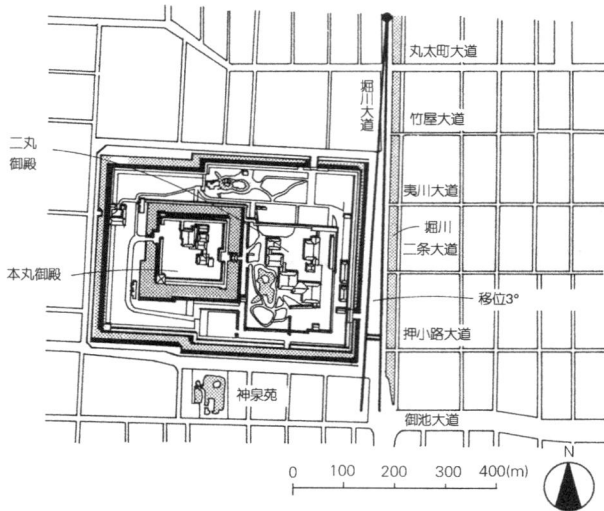

二条城
京都 1603~1626
设计：小堀远州

京都二条城的位置与京都的街区约移位3°。当时，幕府为显示权威，决定使用由国外引进的磁铁定位器测定方位设置。据说是因刚刚引进尚不完全掌握用法，所以产生出了偏角误差。

丸太町大道

竹屋大道

夷川大道

二丸御殿

本丸御殿

押小路大道

御池大道

神泉苑

二条大道

移位3°

0 100 200 300 400(m)

N

帕米欧疗养院

芬兰　帕米欧　1933
设计：阿尔瓦·阿尔托

　　医院与病房楼栋等沿地形巧妙地移位设置。这是现代派建筑6大巨匠之一的阿尔托的代表作之一。

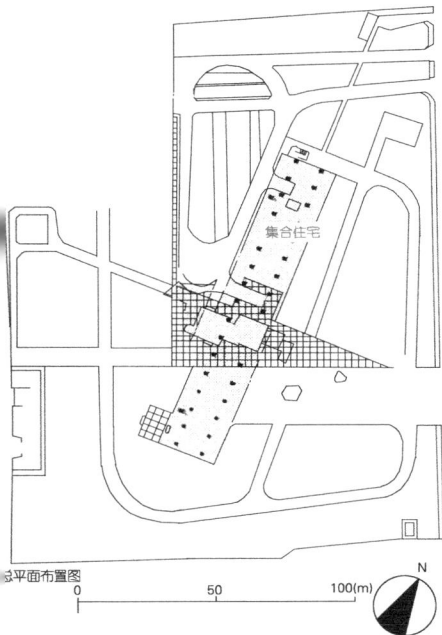

服务楼
公共空间
平面图
病房

0　　　　15　　　　30(m)
N

移位

马赛公寓大楼

法国　马赛　1952
设计：勒·柯布西耶

　　这是勒·柯布西耶的代表性作品。集合住宅建筑与地形移位布置，强化了周围公园与建筑物的关系。

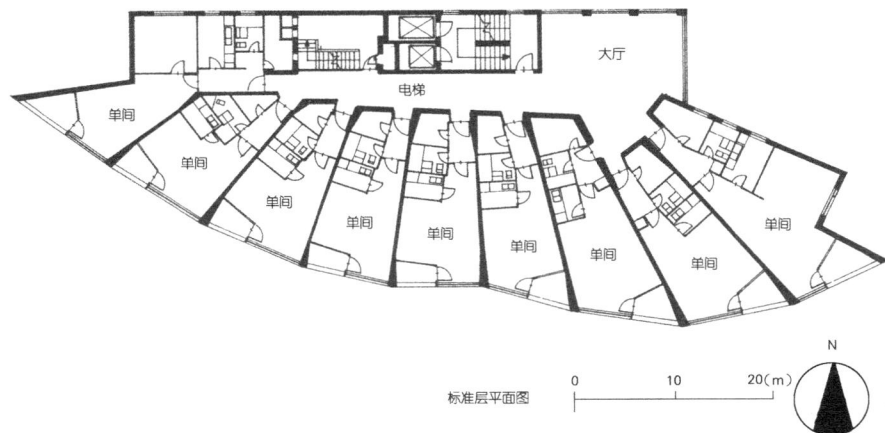

集合住宅

总平面布置图
0　　　　50　　　　100(m)
N

单间　单间　单间　单间　单间　单间　单间　单间　单间　单间
电梯　大厅

标准层平面图
0　　　10　　　20(m)
N

不来梅市高层公寓大楼

德国　不来梅　1958
设计：阿尔瓦·阿尔托

　　住宅楼的各房间扇形移位布置，缩短电梯与各房间入口的动线，成功地使各房间开口部扩大。由此感受到阿尔托独特的设计魅力，看上去像是随意性的，但其设计理念十分令人满意。

希拉兹美术馆

伊朗 希拉兹 1970
设计：阿尔瓦·阿尔托

　　设计者阿尔托与设计帕米欧疗养院同样，建筑物沿地形设置，并且内部移位分割。刻意设计了可以进行个别展示的空间。

展室

大厅

管理室

入口

平面图

N

0　　10　　20　　30(m)

盖里宅邸

美国 加利福尼亚 1979
设计：弗兰克·盖里

　　这是建筑师盖里作为自己的住宅所设计的实验性住宅。建筑外观的各要素水平、垂直移位构成，看上去像是随意建造的一样。

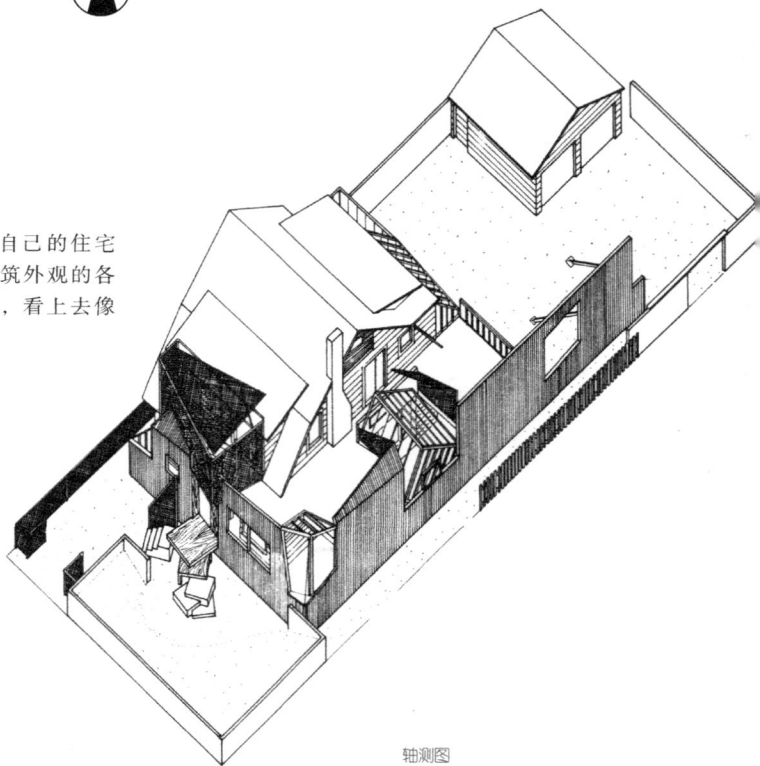

轴测图

透视图

微风空间

神奈川 1984
设计：宫元健次＋宫元建筑研究所

　　美术馆的展厅楼栋与办公楼栋的间隙所架设的阶梯上部，吊置着球体的特别展室，刻意表现移位的感受。

斯卡拉·来吉阿
东京　1985
设计：宫元健次 + 宫元建筑研究所

　　设置了 2 个斜向内包用地的集块，在这移位的空间里架设通向各层商业设施的通道。由此形成了强烈透视效果的空间。

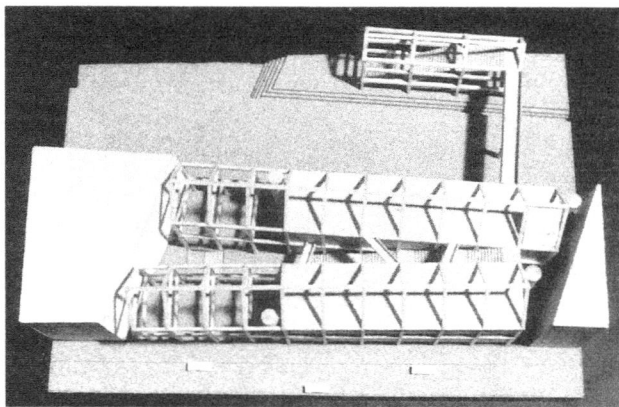
外观

西侧外观

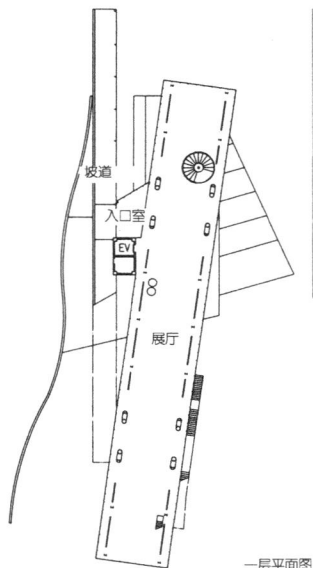
一层平面图

0　5　10　15　20(m)　N

高知县立坂本龙马纪念馆
高知　1991
设计：高桥晶子 + 高桥宽工作站

　　这是在山丘上建造的纪念性建筑物。电动扶梯、坡道、展厅等各不同功能的楼栋移位，使之相互自我夸示。

布谷楼
东京　1992
设计：阿则曼建筑 / 钱高组

　　这是一种办公楼的移位尝试，像是要倒塌的外观给人以不安感，实际上只是一种简单的梁架结构。

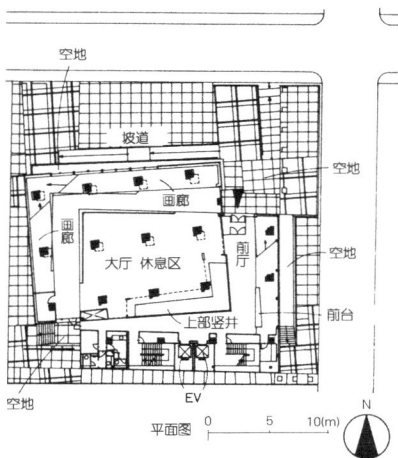
平面图　0　5　10(m)　N

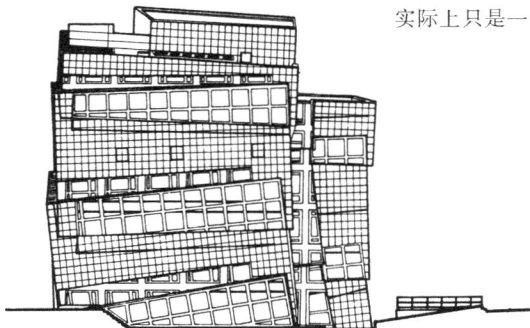
东侧立面图　0　10　20(m)

移

位

03
设置

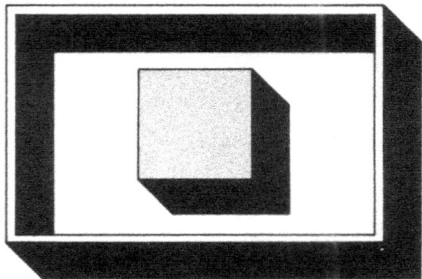

建筑与家具究竟有什么区别呢？首先可以列举的一点就是：家具是放在建筑物中使用的东西，可以按照方便使用的观点来加以摆放和移动，而建筑因为结构与地基连接，不能够移动。

其次，比起建筑来，家具其规模比例与人们更接近。换言之，从家具的规模比例以及移动的观点来看，与人们的关系更为紧密。

而在建筑的不可移动的墙壁及沉重柱子的包围中生活，常常会使人感到有压抑感。

为使建筑与人们的身体更为接近而学习家具的特点。其结果，产生出了"设置"的手法（见图1）。

"设置"的手法也是多种多样的。实际上，有可移动的大型家具（见图2），或像家具设置同样方法的空间（见图3）等等。应用变化十分广泛。

不论哪种方法，都是脱离主要结构体，不受重力束缚，可以自由轻松地根据情况设置、表现。假如"放置"的表现，尽管也有在实际上不可以移动的建筑，但可以从建筑的沉重感中解放出来。

相反，实际上是"放置"，但不表现出"放置"，那就没有意义。所需要的是"放置"的表现，这实际上也是一种"表演"。

以下举例进行说明。

作品举例

● 帕提农神庙（伊克底努，卡里克拉特等）

● 新药师寺（传统建筑）

● 私宅（清家清）

● 希兰奇建筑物（查尔斯·穆尔等）

● 摩比得伊库（宫胁檀建筑研究室）

● 蒙特利尔国际博览会美国馆（B·富勒）

● 法尼塔高校（卡库·乌鲁斯·马肯立和阿森希茨）

● 群马县立近代美术馆（矶崎新工作室）

● 福井相互银行成和支店（规划设计工作室／谷口吉生，高宫真介）

● 回归城市（宫元健次等）

● 卡尼巴鲁展示空间（栗生明＋栗生综合规划事务所）

● 小金井之家（宫元健次＋宫元建筑研究所）

图1 设置的"能乐"舞台（西本愿寺）

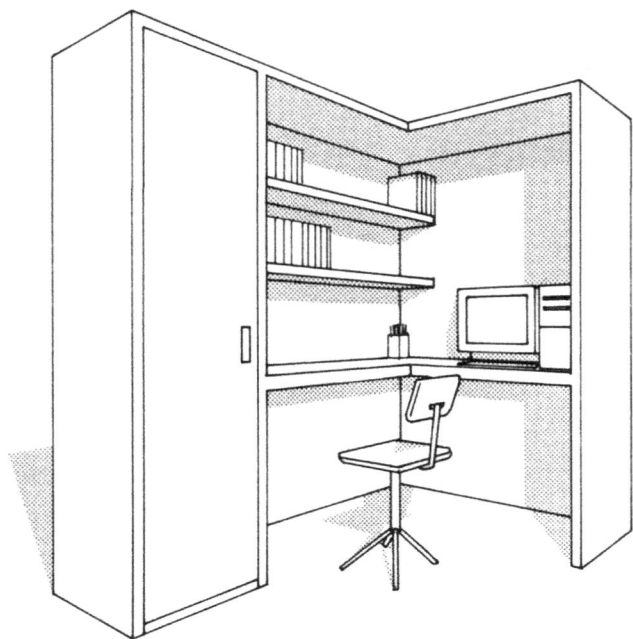

图2 大型家具

图3 模型

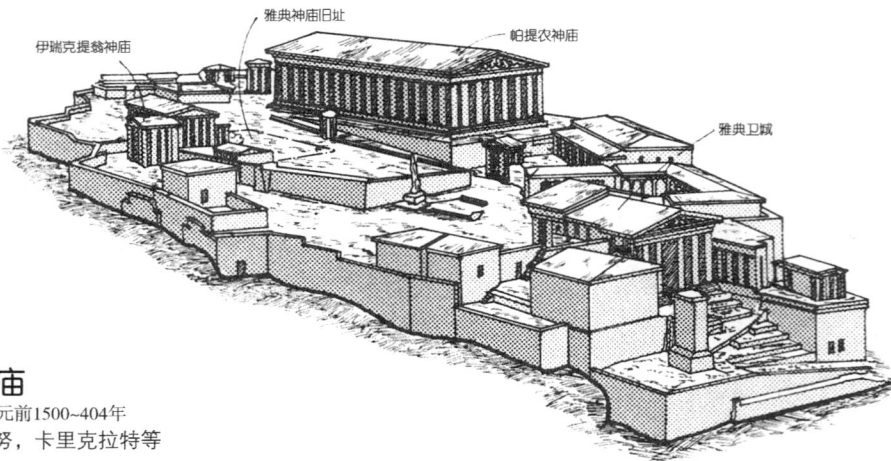

帕提农神庙

希腊 雅典 公元前1500~404年
设计：伊克底努，卡里克拉特等

在雅典的阿科罗波利斯山顶设置
的神殿，象征着希腊的神的领域。

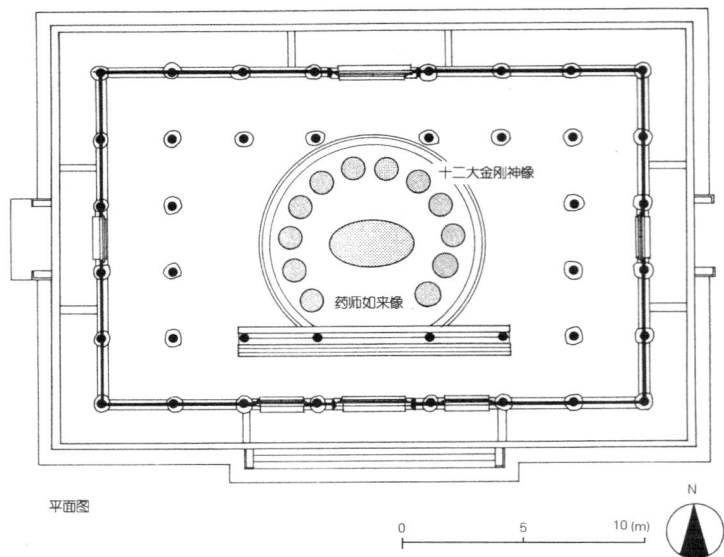

平面图

新药师寺

奈良 747
传统建筑

曾有过巨大神堂的新药师寺，现
在只剩有食堂。中央布置圆形的土坛，
设置佛像与十二大金刚神像。在简朴
的寺院空间，创造出了中心性。

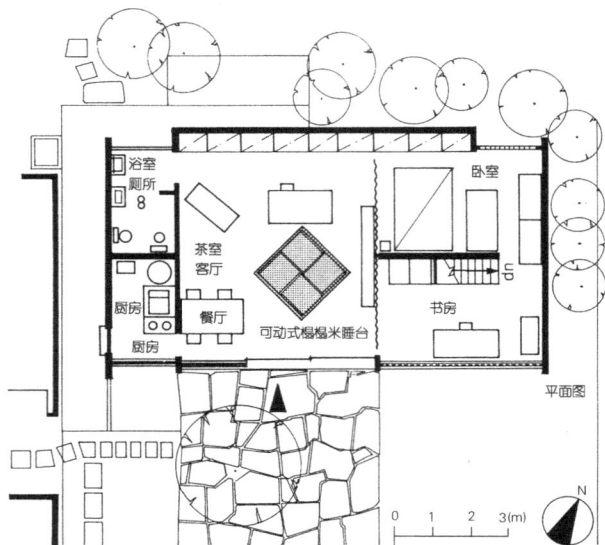

平面图

私宅

东京 1954
设计：清家清

在单一空间的住宅中，设置用
于多目的的可动式榻榻米睡台，极
具特色。可以说是大型日式家具的
实例。

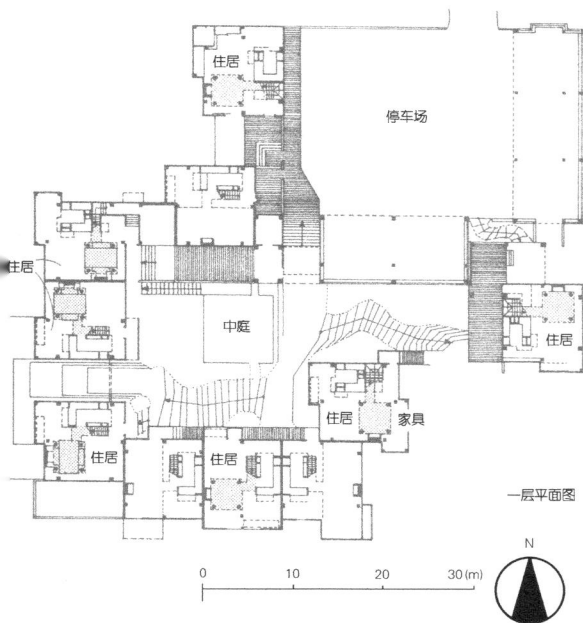

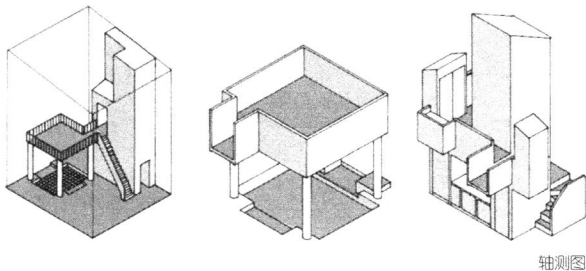

轴测图

一层平面图

0 10 20 30(m)

N

希兰奇建筑物

美国 加利福尼亚 1965
设计：查尔斯·穆尔等

在建筑空间中，进一步营造出作为家具的居住空间。成功地完全摆脱了建筑的沉重压抑感觉。居住空间开放。初发表时，给建筑界带来强烈冲击。此后，对各种建筑给予极大影响。

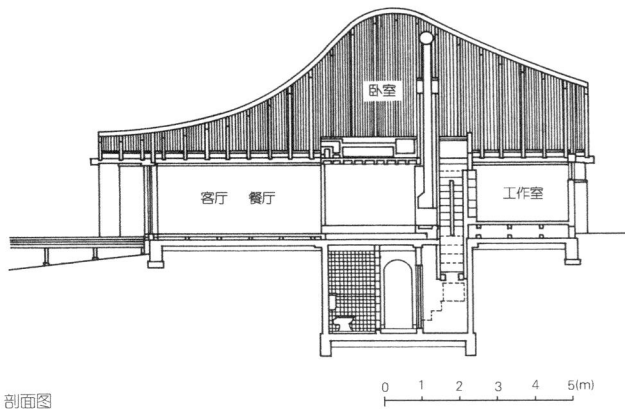

设
置

剖面图

0 1 2 3 4 5(m)

摩比得伊库

山梨 1966
设计：宫胁檀建筑研究室

在像鲸鱼体内一般的弯曲空间中，卧室设置在抬起的楼台状空间上。其下部是恬静的团聚空间。

蒙特利尔国际博览会美国馆

加拿大 蒙特利尔 1967
设计：B·富勒

蒙特利尔国际博览会美国馆称为"B·富勒球体"的框架球体空间中，设置了各种高度的台阶展示空间。B·富勒发表过城市自身包含在球体空间中的项目。可以说该作品是凝聚着这一思想的缩影。

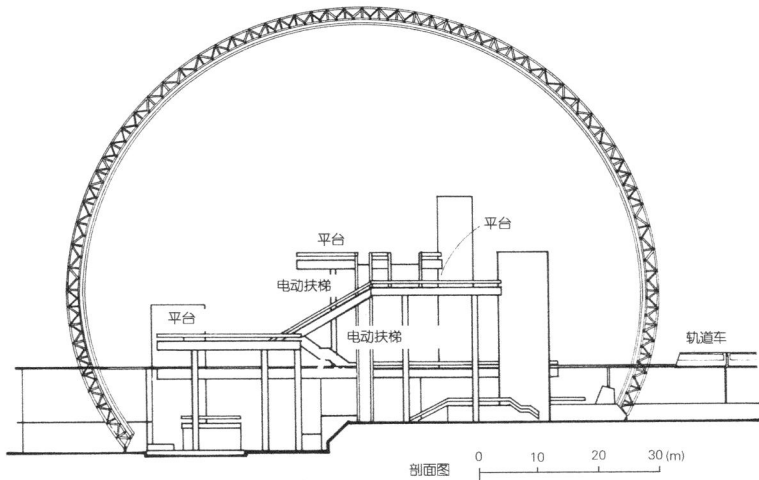

平台 平台
电动扶梯
平台
电动扶梯
轨道车

剖面图

0 10 20 30(m)

平面图（部分）

剧场　音乐　教师区　教师区　工艺　美术　食堂　教师区　媒体中心　科学　温室　教师区　讲堂　打字室　家庭　立体图像　电视广播工作区

0　10　20　30　40　50(m)

N

法尼塔高校

美国　华盛顿　1971
设计：卡库·乌鲁斯·马肯立和阿森希茨

　　法尼塔高校的学校设施几乎全是在一个整体的空间中，使用可动式隔断的大型家具进行空间设置，营造出可自由移动的空间。这是以家具为主，建筑为辅的逆向思维设计的学校建筑。

群马县立近代美术馆

群马　1974
设计：矶崎新工作室

　　群马县立近代美术馆的二层镶嵌玻璃的餐厅空间，设计为楼台状高高抬起，置于室内之中。

轴测图

外观

福井相互银行成和支店

福井　1976
设计：规划设计工作室／谷口吉生，高宫真介

　　该建筑的除风室独立于建筑主体之外，以45°角摆动，可以使气流自然进出流动。

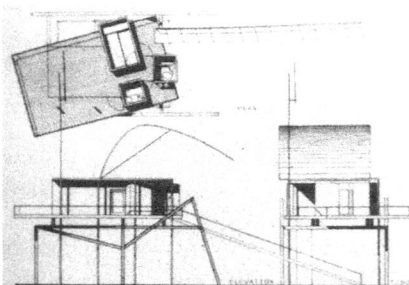

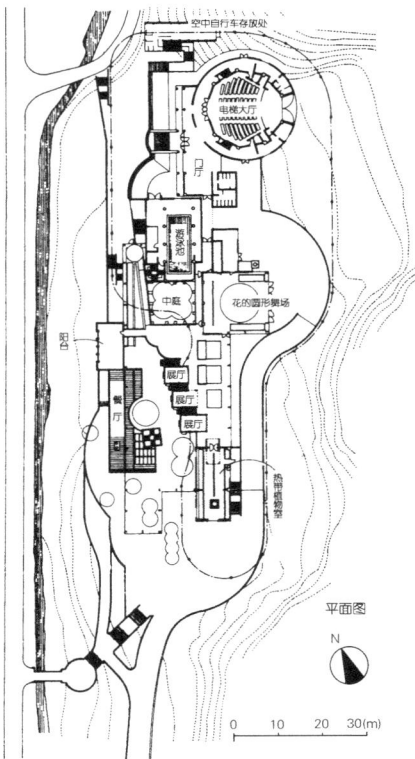

回归城市

第15次日新工业国际建筑设计比赛获奖作品　1987
设计：宫元健次等

　　以金钟虫为图案设计的极小住宅，可以设置在楼房顶上，可以看到都市中惟一的自然景色——月亮。

平面图

N

0　10　20　30(m)

设
置

卡尼巴鲁展示空间

兵库　1988
设计：栗生明＋栗生综合规划事务所

　　镶嵌有玻璃的展示空间中设有各种设备，是很令人愉快的空间。

内部

内部

内部

小金井之家

东京　1996
设计：宫元健次＋宫元建筑研究所

　　单一空间的住宅中央设置浴室来分割客厅、卧室、厨房、入口等空间。在浴室的上部，设计了榻榻米式的书房。

○4 楔入

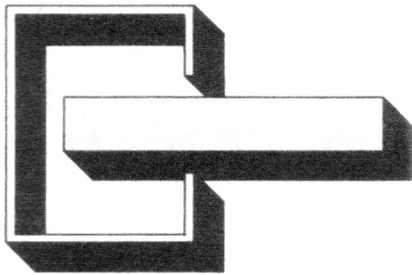

为使与建筑物的入口连接动线更为明了，或是由外向内顺利地连接，而采用"楔入"的手法。从外向内铺设地板，或沿入口通道设置墙壁，或由屋外以桥插入屋内等等。"楔入"的手法多用于这类空间。

但不仅仅限于入口处，住宅及办公室，或是大厅等空间，将外部与内部的境界非明了化，往往可以使室内显得更为宽阔。

另外，不限于此目的，纯粹是为了外观的动态视觉效果，也常用"楔入"的手法。

这种"楔入"手法，外观上给人以物与物强烈碰撞，或者是"突入"的跃动感觉。从内部也可以获得顺利插入的快乐感觉（见图1）。也可以期望得到强烈的远近感效果。

但必须注意，"插入"与"被插入"的形态、材料、结构的对比，以及二者衔接部的处理。

为强调"楔入"，两个体积的比例要有所不同。例如，方形对细长形、方形对圆形等等。应以形态进行对比。

另外，还应强调材料与结构的不同。例如，混凝土与钢材，或是玻璃与木材，等等的组合。在衔接部分，比起单纯地直接"楔入"，略微移位楔入，或建造透明的玻璃空间进行衔接等手法也都十分必要（见图2）。

在这种"楔入"的情况下，需要注意的是结合部分的结构。在地震时，为使其各自分别震动，可设置使用"抗震缝"，使材料相互间移位，设置空隙架构，以防止崩溃（见图3）。

以下举例进行说明。

作品举例
- 汉赛尔曼宅邸（玛格尔·古莱吾司）
- 砖石之家（密斯·凡·德·罗）
- 松川之箱（第1期）（宫胁檀建筑研究室）
- 两座空房（杰姆斯·兰柏思）
- 可眺望路卡诺湖的住宅（马里奥·博塔）
- 池田20世纪美术馆（井上武吉工作室）
- 秋田相互银行河边支店（宫胁檀建筑研究室）
- 丝岛住宅（筱原一男）
- 东京工业大学百年纪念馆（筱原一男）
- 塞维里亚国际博览会日本馆（安藤忠雄建筑研究所）
- 巴司法库塔（黑川纪章建筑都市设计事务所）

图1 "楔入"例 水泥厂的立面

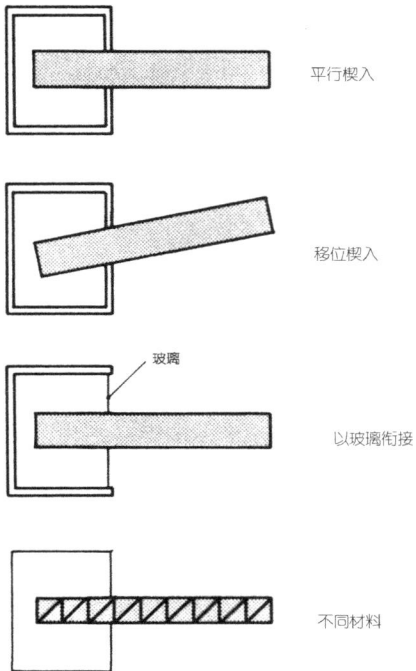

平行楔入

移位楔入

玻璃

以玻璃衔接

不同材料

图2 "楔入"的变化

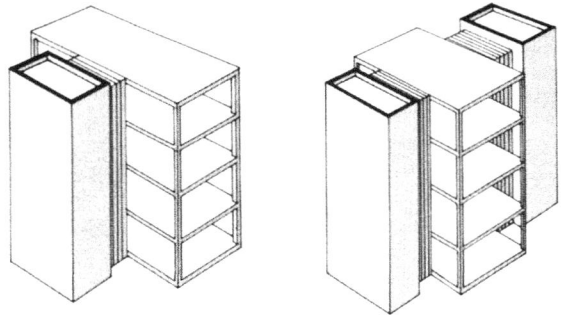

图3 "抗震缝"的例子

作品
举例

汉赛尔曼宅邸
美国 印地安那 1967
设计：玛格尔·古莱吾司

　　走上汉赛尔曼宅邸入口阶梯，通过工作楼墙壁的门，可到达住宅。这可以提高进入建筑物内部的期待感。

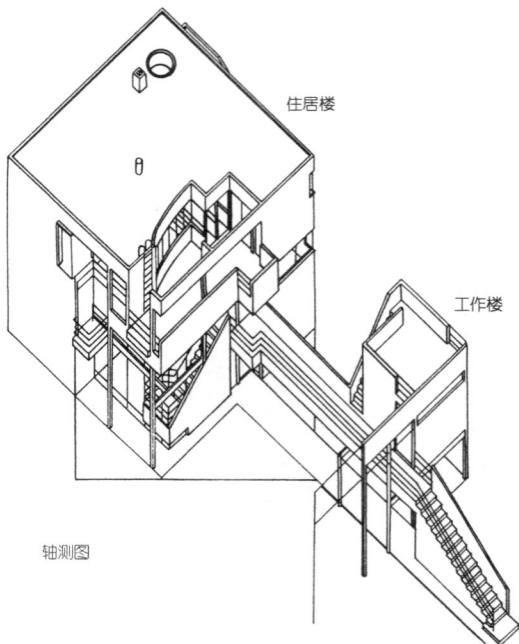

住居楼

工作楼

轴测图

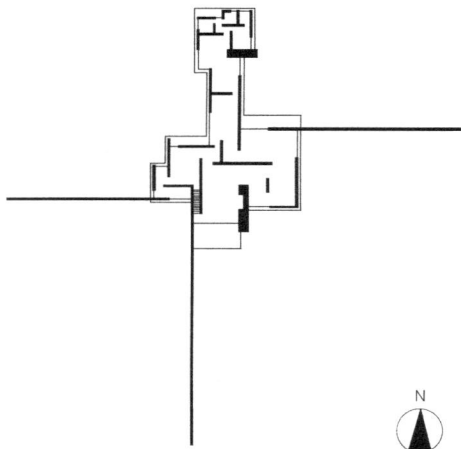

平面图

0 10 20 30 40 50(m)

砖石之家
项目 1924
设计：密斯·凡·德·罗

　　砖石之家是大胆运用墙壁的作品。极端延伸的砖墙具有象征性，所有房间整体由墙壁支撑。这是使密斯一举成名的作品。

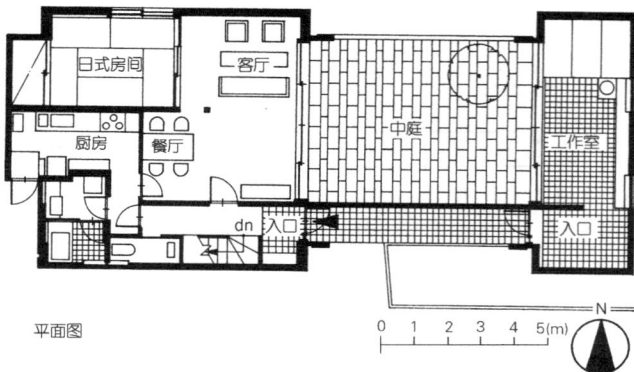

平面图

日式房间　客厅　中庭　工作室
厨房　餐厅　dn　入口　入口

0 1 2 3 4 5(m)　N

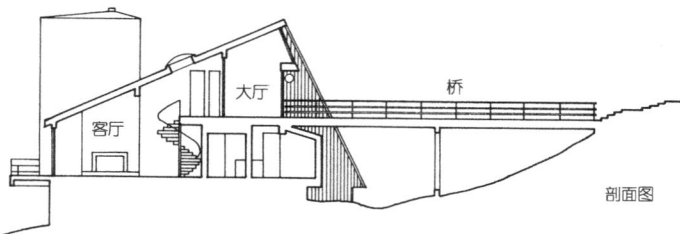

大厅　桥
客厅

剖面图

松川之箱（第1期）
东京 1971
设计：宫胁檀建筑研究室

　　一片墙由外部插入中庭，并且起着划分工作室与住居，各个入口通道与居室空间的区划作用。

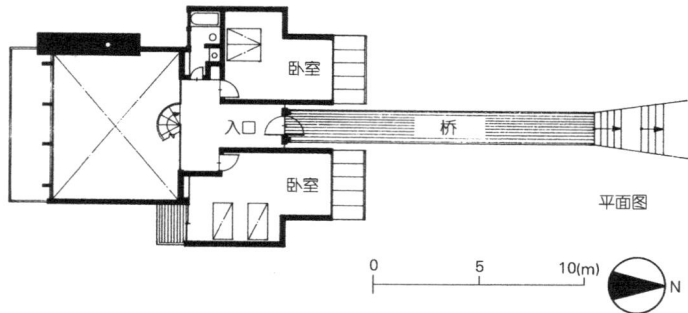

卧室　入口　桥　卧室

平面图

0 5 10(m)　N

两座空房
美国 阿肯色 1972
设计：杰姆斯·兰柏思

　　两座空房通过水平插入住宅的桥，直接进入竖井空间。再通过垂直型螺旋阶梯进入客厅，具有奇特的表现效果。

可眺望路卡诺湖的住宅

瑞士 特彻诺 1973
设计：马里奥·博塔

可眺望路卡诺湖的住宅是建筑师马里奥·博塔的代表作。以钢结构的空间格框的桥梁，作为通向斜面的砖结构房屋的通道直插进去，铁桥的前端可以眺望到鲁格瑙湖。该建筑应用铁与砖的硬质材料，给人以近似于一层纸般的感觉，这是成功的秘诀。

外观

书房 工作室
阳台
入口 UP
竖井 竖井
桥
四层
平面图
0 5 10(m)
N

展室
通道
中庭
中庭
入口
接待处
收藏库
休息室
一层平面图
0 5 10 15(m)
N

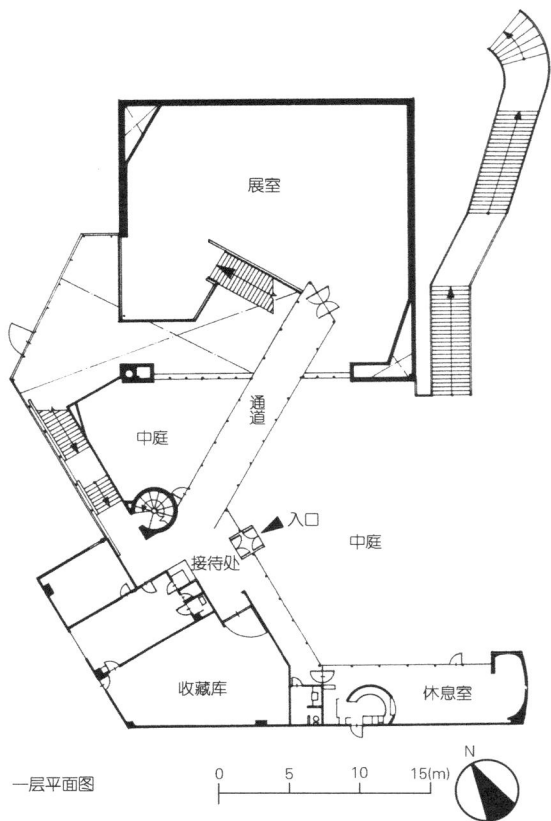

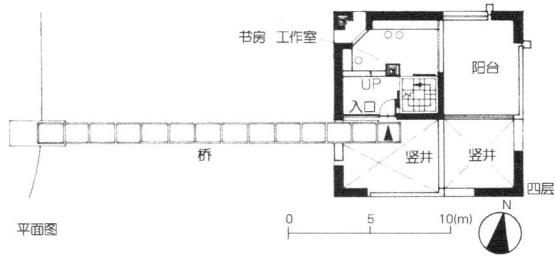

池田20世纪美术馆

静冈 1975
设计：井上武吉工作室

池田20世纪美术馆的玻璃通路斜着插进四角型的展室。表现了强力的楔入效果。

秋田相互银行河边支店

秋田 1974
设计：宫胁檀建筑研究室

该建筑三角形的屋顶空间插入地面屋顶空间，插入部分作为玻璃窗，更进一步强调了"贯入"的造型。

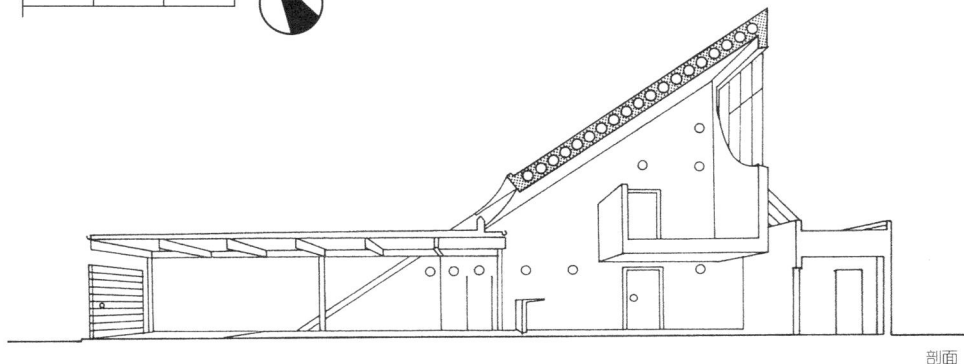

剖面

楔
入

外观

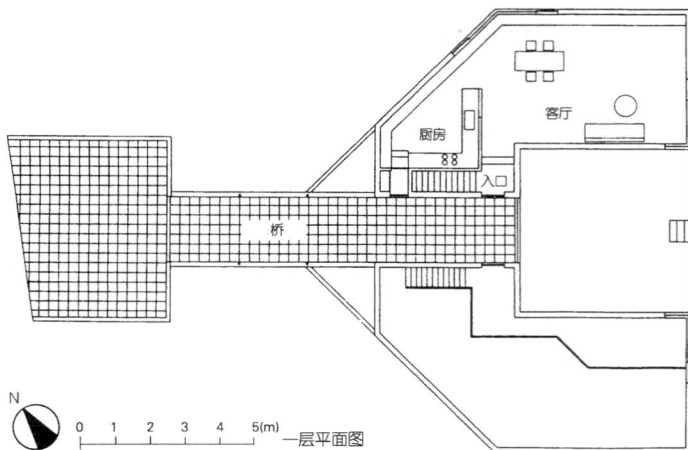

N

0 1 2 3 4 5(m) 一层平面图

丝岛住宅

福冈 1976
设计：筱原一男

丝岛住宅的入口通道桥的另一端
作为标识点，与丝岛住宅对峙。

东京工业大学百年纪念馆

东京 1987
设计：筱原一男

东京工业大学百年纪念馆作为东京工业大学的象
征，仿佛是工业产品的建筑物，由半圆形通管插入。不
仅使用了"楔入"手法，还大胆设计，有意将插入的
半圆形通管平面弯曲，在视觉上产生错位，由此发出噪
声感。

南侧外观

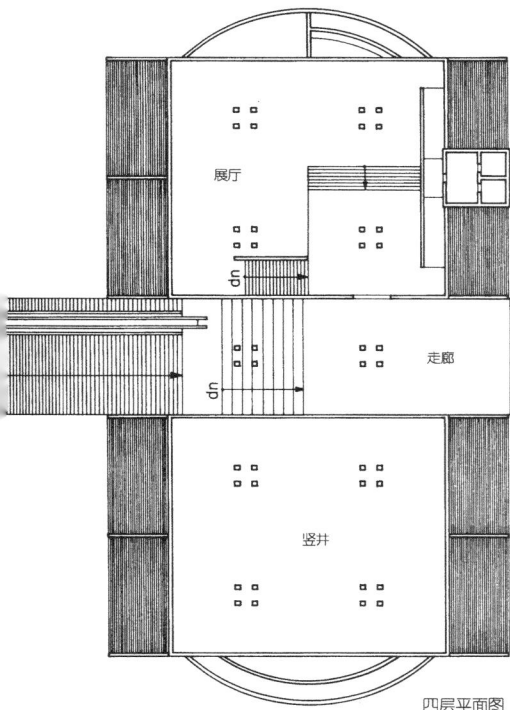
四层平面图

0　　5　　10(m)
N

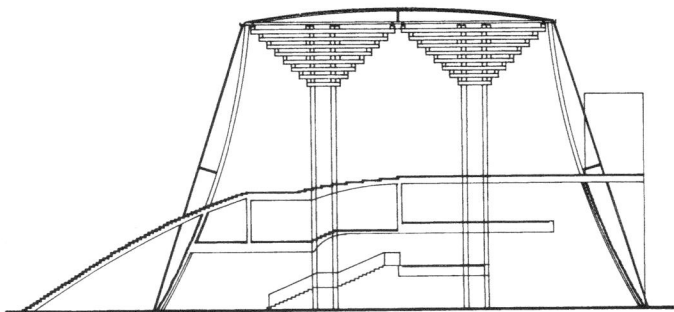
剖面图

塞维里亚国际博览会日本馆
西班牙　1992
设计：安藤忠雄建筑研究所

　　塞维里亚国际博览会日本馆的弯曲立面像是"能乐"演员的脸罩，在这一立面上，插入了日本大鼓形状的桥。

巴司法库塔
法国　巴黎　1992
设计：黑川纪章建筑都市设计事务所

　　建筑物圆弧形外壁的缝隙中，插入拱桥，起到强化动态的作用。

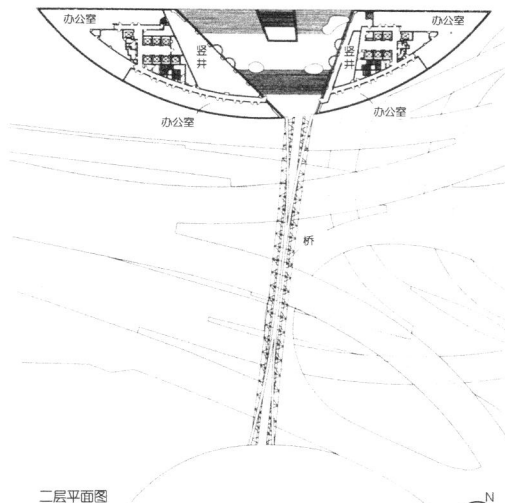
二层平面图

0　10　20　30　40　50(m)
N

外观

05 连接

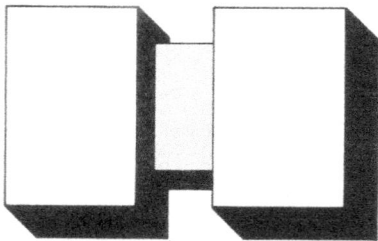

作品举例

● 薮内家燕庵茶室庭院（传统建筑）
● 桂离宫（八条宫智仁·智忠亲王）
● 修学院离宫（后水尾太上皇）
● 日光东照宫（江户幕府办公处）
● 理查医学实验楼（路易斯·I·康）
● 普林摩尔专科学生宿舍（路易斯·康）
● 静冈新闻广播大楼（丹下健三·都市·建筑设计研究所）
● 中银密闭塔楼（黑川纪章建筑都市设计事务所）
● 原自宅（原广司）
● STEP（安藤忠雄建筑研究所）
● 俄亥俄州立大学卫科斯纳视觉艺术中心（阿则曼建筑设计室）
● 西胁市冈之山美术馆（矶崎新工作室）
● 龙谷大学（宫元健次＋宫元建筑研究所）
● 大岛町画书馆、交流广场（长谷川逸子·建筑计划工作室）

上述的建筑物各部按照功能划分的方法中，特别应注意的是区分要素在哪里结合来形成单体的建筑（见图1）。换言之，与分离表现的同时，必须要有连接的表现。这就是本章要着重论述的"连接"。

连接建筑各要素的媒体有通道、大厅、平台、广场等"场所"，或是中心柱体、墙壁等结构体（见图2）。

但要注意的是区分的结合，结合要素不可以比区分要素突出。例如，以C连接A与B，C比起A与B来，应该小而不显眼。这样，A与B的划分才能成为可能（见图3）。

可以说"连接"是划分表现不可分割的助手。不单单是形态的弱化，与前项的"楔入"方法相同，材料与结构的对比也是常用手法。

另外，以通道连接许多要素时，为避免单调，排列这些要素也要注意给予变化或故事性。本书103页中，详细解说了作为日本的公共空间，道路空间比广场更为多用。日本原本就崇尚"道"，有"柔道"、"剑道"、"弓道"、"花道"、"茶道"等等，这些传统行为也都以"道"为名。

在传统建筑中，称为"回游式庭院"的"道"也是连接各要素的形式。茶室的空地等趣味性的各要素，也都以"道"为连接形式。将这些手法应用到现代建筑中，这也是很有意义的尝试（见图4）。

以下列举数个"分离"与"连接"表现绝妙的作品。

图1　日常的"连接"实例（淀川上的桥梁）

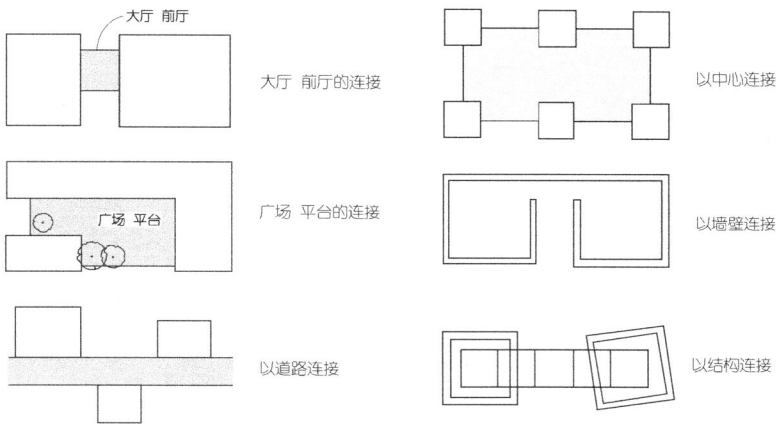

大厅 前厅的连接

广场 平台的连接

以道路连接

以中心连接

以墙壁连接

以结构连接

图2　"连接"方式的变化

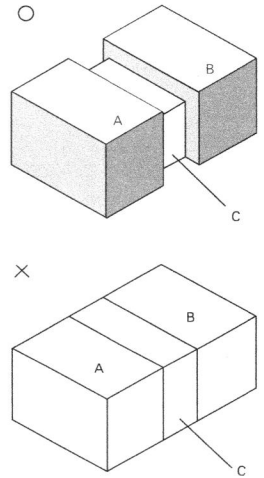

连 接

图3　"区分"与"结合"的力的关系

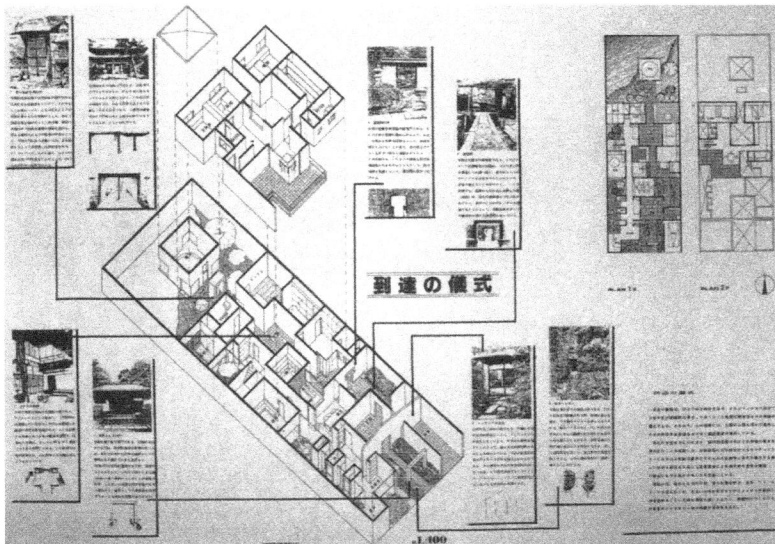

图4　茶室的庭院应用于现代建筑之例"抵达的仪式"（设计：宫元健次）

作品
举例

薮内家燕庵茶室庭院
京都 约1615
传统建筑

茶道中，经过庭院到达茶室，分为外院和里院。外院和里院各自有休息亭、厕所、洗手石钵、石灯笼、栽植等，加上富于变化的石块连接。到达茶室的过程令人神情超然，成为使人的感受与心情逐渐升华的前奏曲。

布置图

桂离宫
京都 1615~1662
设计：八条宫智仁·智忠亲王

桂离宫是称为"回游式庭院"的形式，整体设置了各种趣向的建筑。并以海边小路或山道等富于变化的小路连接成一圈。

布置图

修学院离宫
京都 约1642
设计：后水尾太上皇

修学院离宫的上、中、下茶屋（庭院式建筑）插入田地，与松树的行道树连接，三个地方可欣赏到三种气氛。

布置图

日光东照宫
栃木 1617~1634
设计：江户幕府办公处

日光东照宫在高低差的占地上，设置了各种设施，并以参道相连接。沿着参道前行，心情逐渐兴奋升华，最后达到本殿时，使心情变得脱俗超然。

布置图

理查医学实验楼

美国　宾夕法尼亚州费城　1961
设计：路易斯·I·康

　　医学实验楼各个正方形的建筑相互连接，宛如细胞增殖，根据需要还可以增建。

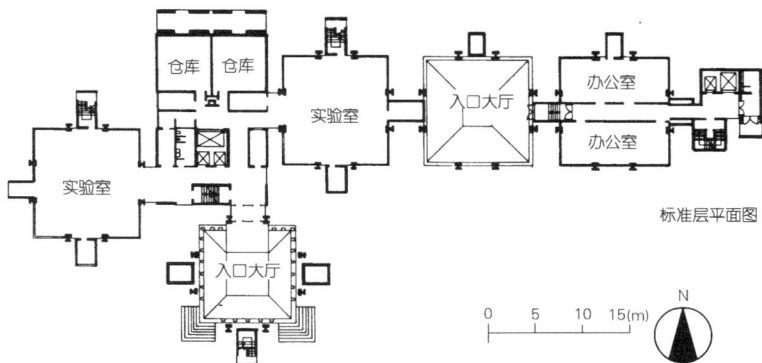

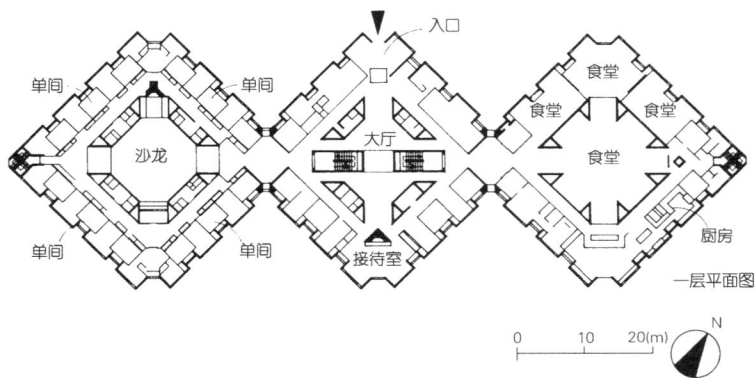

标准层平面图

0　5　10 15(m)

N

入口
单间　　　单间
沙龙
大厅
单间　　　单间
接待室

食堂
食堂　食堂
食堂
厨房

一层平面图

0　10　20(m)

N

普林摩尔专科学生宿舍

美国　可纳其卡特　1965
设计：路易斯·I·康

　　普林摩尔专科学生宿舍是现代派建筑6大巨匠之一的路易斯·康的代表作。学生宿舍是以单间围绕着食堂、大厅、沙龙。不设廊道，各自以角隅连接。

连
接

静冈新闻广播大楼

东京　1967
设计：丹下健三·都市·建筑设计研究所

　　办公室围绕中央核心，圆形核心部与四角形的箱体形成对比。

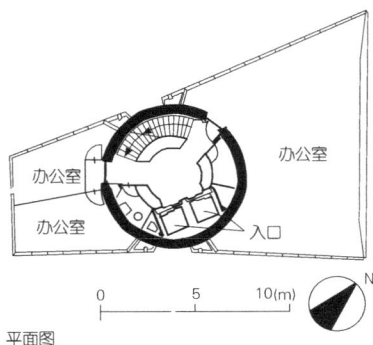

办公室
办公室
办公室
入口

0　5　10(m)

N

平面图

外观

外观

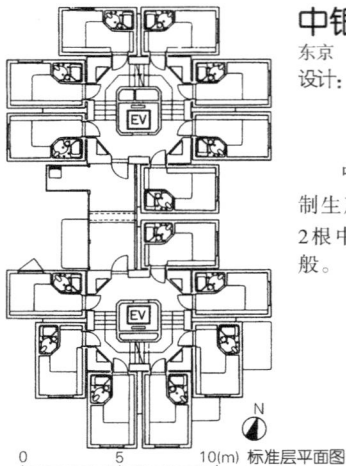

中银密闭塔楼
东京 1972
设计：黑川纪章建筑都市设计事务所

中银密闭塔楼是由工厂预制生产的单身用单间住宅围绕2根中心柱设置，宛如鸟巢一般。

0   5   10(m) 标准层平面图

N

原自宅
东京 1974
设计：原广司

该建筑利用斜面对称布置各房间，与楼梯相连接，创造出恍惚迷离的城市内部空间。是住宅空间包容城市的城市基因比拟作品。

内部

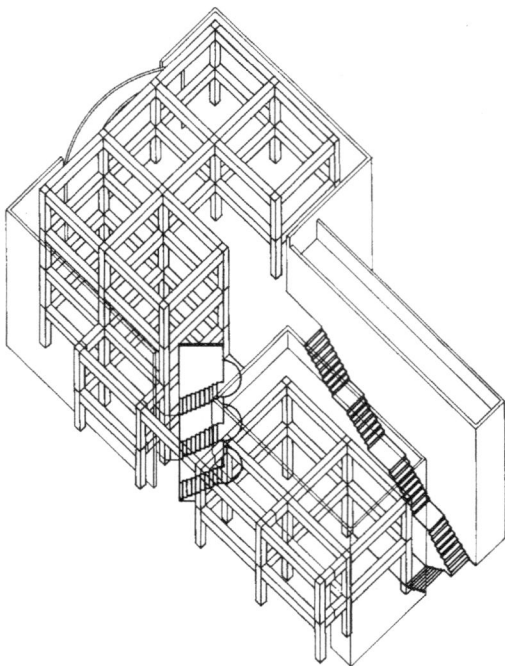

STEP
高知 1980
设计：安藤忠雄建筑研究所

商业大楼以各阶层的楼梯连接道路，将城市空间的乐趣引导进建筑物之中。

入口

浴室
厕所

多用途空间

餐厅

厨房

卧室   卧室

0 1 2 3 4 5(m)
平面图

N

俄亥俄州立大学
卫科斯纳视觉艺术中心

美国　俄亥俄　1989
设计：阿则曼建筑设计室

　　俄亥俄州立大学卫科斯纳视觉艺
术中心以斜向插入占地的玻璃回廊连
接各设施，作品表现大胆，刻意地在
井然排列的空间中，插入了动态。

俯瞰

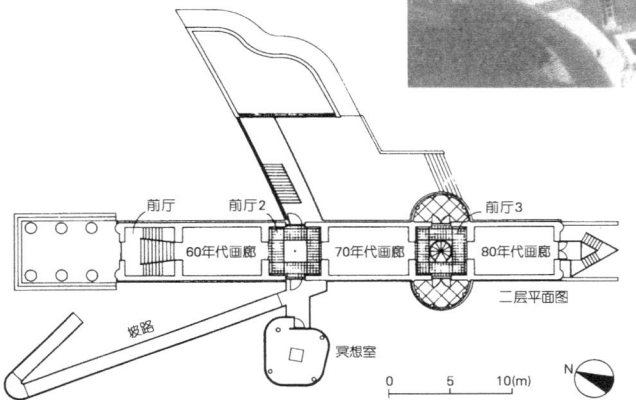

前厅　前厅2　前厅3
60年代画廊　70年代画廊　80年代画廊
二层平面图
坡路
冥想室
0　5　10(m)
N

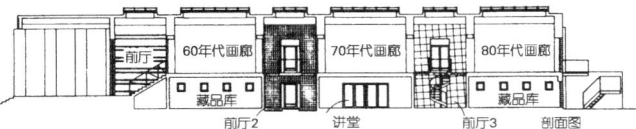

前厅　60年代画廊　70年代画廊　80年代画廊
藏品库　藏品库
前厅2　讲堂　前厅3　剖面图

连

接

西胁市冈之山美术馆

兵库　1994
设计：矶崎新工作室

　　西胁市冈之山美术馆是将特定作家的作品，
按照各个时代划分进行展览的美术馆。以类似
铁道的构造通过占地，连接展室。也可以扩建。

龙谷大学

滋贺　1995
设计：宫元健次＋宫元建筑研究所

　　龙谷大学的工作室、教室群沿着
山岳坡面地形布置，其间有回廊般的
街路将其连接，在大学校园创造出街
道般的愉悦、快乐感觉。

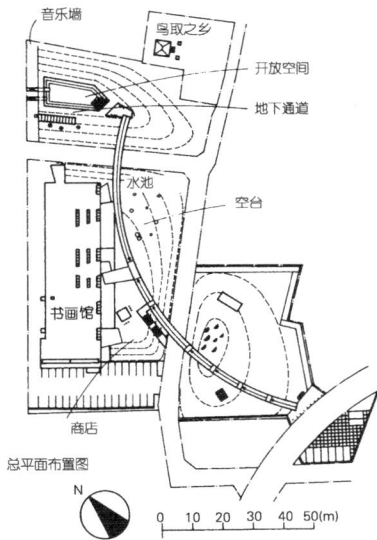

音乐墙
鸟取之乡
开放空间
地下通道
水池
空台
书画馆
商店
总平面布置图
N
0　10　20　30　40　50(m)

外观

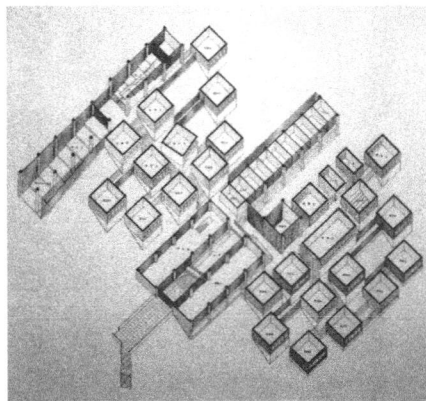

轴测图

大岛町画书馆、
交流广场

富山　1994
设计：长谷川逸子·建筑计划工作室

　　大岛町画书馆、交流广场由圆弧状的坡道和桥插入占地，
将图书馆、剧场等各种场所连接起来。根据画书馆的功能，
将连续的故事与各个页码鲜明地展示出的场面结构。

06

排 列

如同"移位"部分所述,与现代派建筑表现功能的同时,工业化生产为目标的大量生产,使得通用部件能反复重复使用,大量节省了成本(见图1)。

另外,大量生产的通用部件连续排列,能够产生出协调美。这可以说是现代派建筑创造出的统一空间(见图1)。

的确,有规则地排列同类事物,易于陷入千篇一律的单调造型状态,但根据排列的物体,排列的方法,以及数量的安排,却可以创造出表现威力的"群体造型"。

进入现代标识主义时代后,对上述的现代派建筑进行反思,加上现代工业生产技术的发展,人们的价值观多样化,少品种的大量生产宣告结束。即,以往单一种类的规则难以持续,而复数的变化排列则成为可能(见图2)。

近年来,开始见到现代标识主义建筑有消除这种无规则变化排列的情形,称为"后期现代派"的建筑出现了,其目的是要恢复过去统一空间的趋势。

但不论哪一派,都是执拗地通过反复排列,巧妙地营造出美感。在这一点上没有改变。

据说人们感受到音乐的节奏,是因为人自身有心脏搏动的节奏。慢节奏与心脏搏动的悠闲同样,而快节奏则是处于兴奋状态。与此相同,将何种物体如何排列,也会形成各种不同韵律节奏的城市景观(见图3)。

本章通过观察建筑作品的各种变化,包括现代派建筑作品,对"排列"手法进行说明。

作品举例

● 金字塔(传统建筑)

● 莲华王院本堂(三十三间堂)(传统建筑)

● 龙安寺石庭(传统建筑)

● 金贝尔美术馆(路易斯·I·康)

● 八岳美术馆(村野·森建筑事务所)

● 藤泽市湘南台文化中心(长谷川逸子·建筑计划工作室)

● ARK(高松伸建筑设计事务所)

● 名画之庭(安藤忠雄建筑研究所)

● 星田住宅区(坂本一成研究室)

● 龙谷大学(宫元健次+宫元建筑研究所)

图1　现代派建筑的有规则连续

图2　现代标识主义的不规则连续

图3　城市景观中的节奏事例

金字塔

埃及　阿鲁格杂　公元前2545~2450年
传统建筑

　　"排列"的设计手法在世界最古老的建筑物——金字塔中已经使用。大、中、小3个金字塔有意识地作为港口的景观排列着。现在，据说各个金字塔相互之间都有几何学的法则。

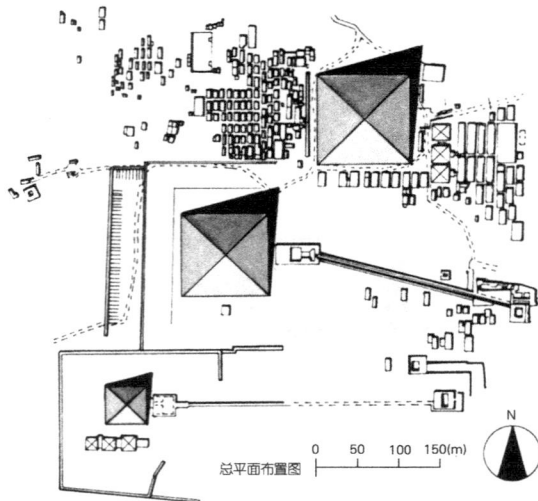

0 50 100 150(m)
总平面布置图

莲华王院本堂（三十三间堂）

京都　1266
传统建筑

　　约300m长的细长形殿堂中，排列着1001座佛像，具有强烈的魅力。

外观

千手观音像

龙安寺石庭

京都　1619~1680
传统建筑

　　龙安寺石庭排列着的大、小15块石头。实际上是按照金字塔及希腊神庙所使用的1：1.618的黄金分割率设计的。按照季节、时间、情况等，会产生出感觉的变化。

石庭全景

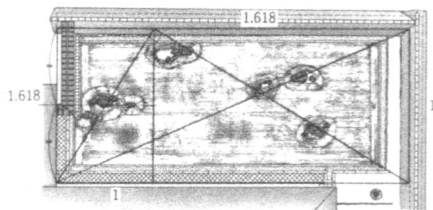

金贝尔美术馆
美国　得克萨斯州沃思堡　1972
设计：路易斯·小·康

　　金贝尔美术馆通过卷涡纹顶棚的
连续架设，对应展示空间的多用性、
流动性。卷涡纹顶棚与混凝土浇筑的
墙壁结构体并用，成功地降低了造价
成本。

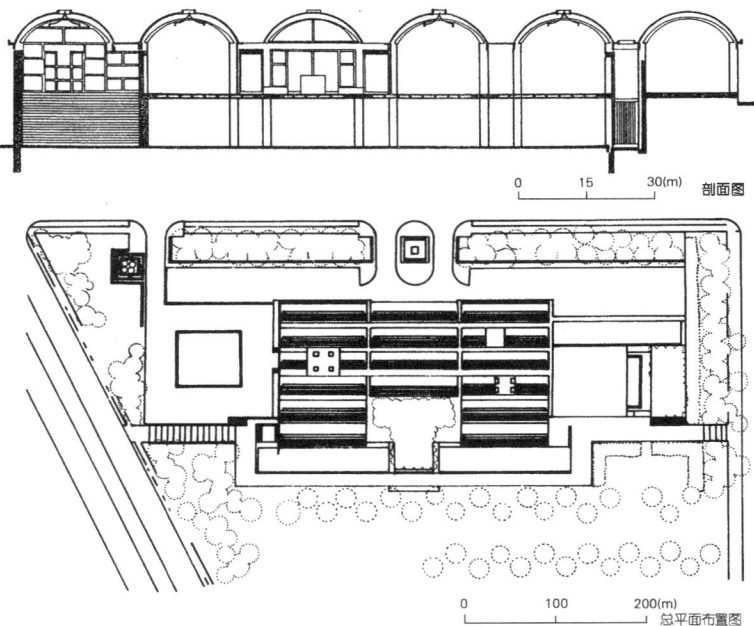

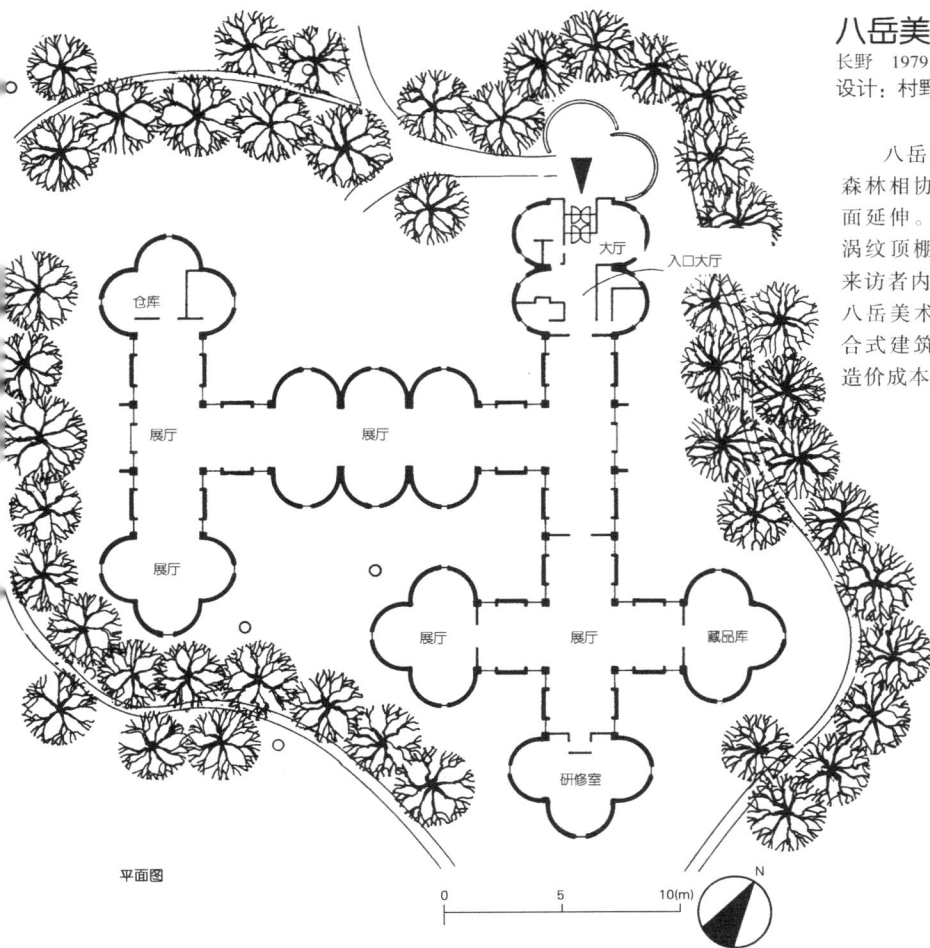

0　　15　　30(m)　剖面图

0　　100　　200(m)　总平面布置图

排
列

八岳美术馆
长野　1979
设计：村野·森建筑事务所

　　八岳美术馆与周围地形、
森林相协调，展示空间向四
面延伸。八岳美术馆架设卷
涡纹顶棚，其内部设计成为
来访者内心希望回归的空间。
八岳美术馆以单一组件的组
合式建筑方法施工，降低了
造价成本。

平面图

0　　5　　10(m)

N

外观

藤泽市湘南台文化中心

神奈川　1989
设计：长谷川逸子·建筑计划工作室

　　藤泽市湘南台文化中心像是无计划地排列了各种形态的工业制品，其景色简直可以称为"工业现实广场"。

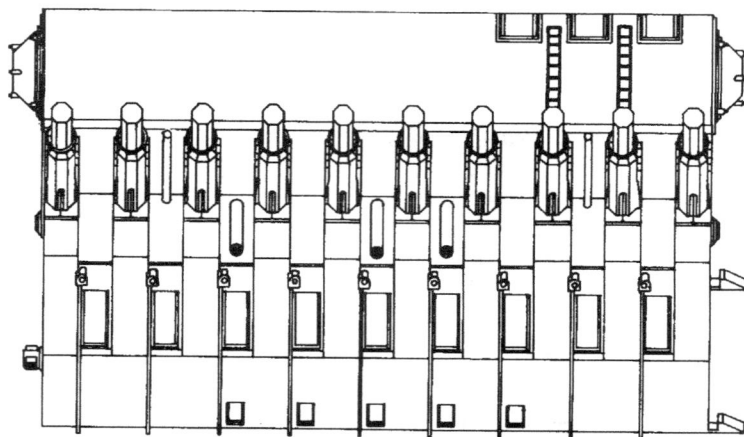

轴测图

ARK

京都　1983
设计：高松伸建筑设计事务所

　　这是10个塔状天窗排列的牙科医院，外观使人联想起机械。

名画之庭

神奈川　1990
设计：安藤忠雄建筑研究所

　　名画之庭是室外的艺术画廊，以混凝土列柱创造出森林般感觉的空间。这里实际上并没有真正的森林，只是以人工湖来象征着自然。

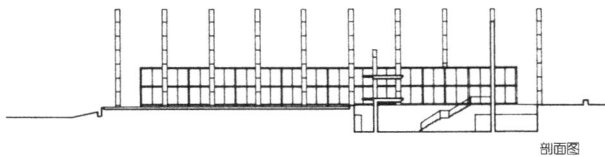

剖面图

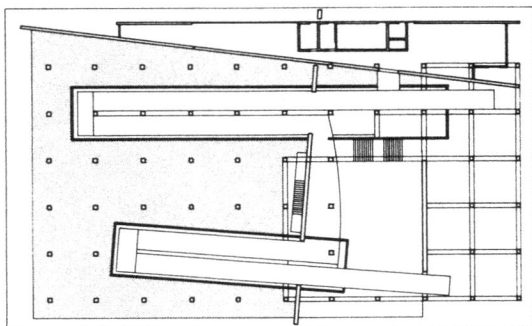

平面图

0　　10　　20(m)

N

星田住宅区

大阪　1992
设计：坂本一成研究室

　　星田住宅区是由混凝土浇筑与螺纹钢板并用的集合住宅。应该称为"第2个自然"的工业制品的积极使用，创造出自然形成的景观。

排

列

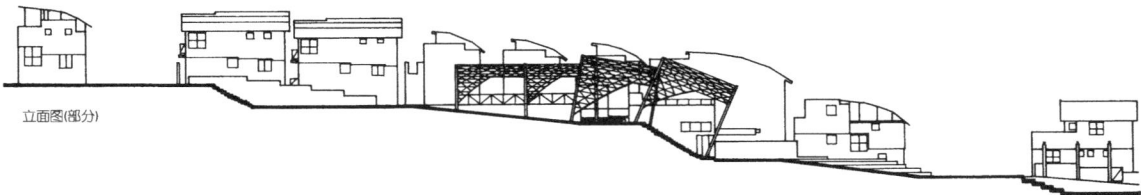

立面图(部分)

0　　10　　20(m)

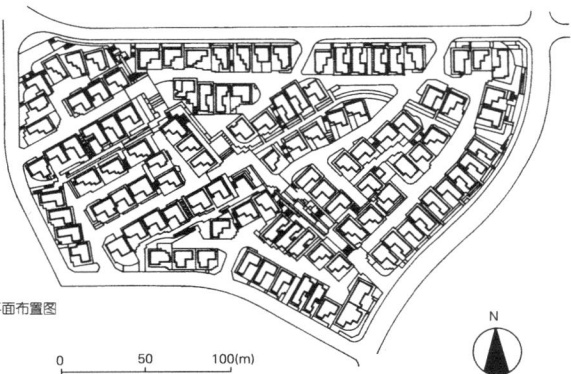

总平面布置图

0　　50　　100(m)

N

龙谷大学

滋贺　1995
设计：宫元健次＋宫元建筑研究所

　　龙谷大学的工作楼、教室、图书馆、画廊沿斜坡地形布置，各个建筑物的屋顶结构及墙壁结构都不相同，建筑物自身成为建筑设计的教科书。

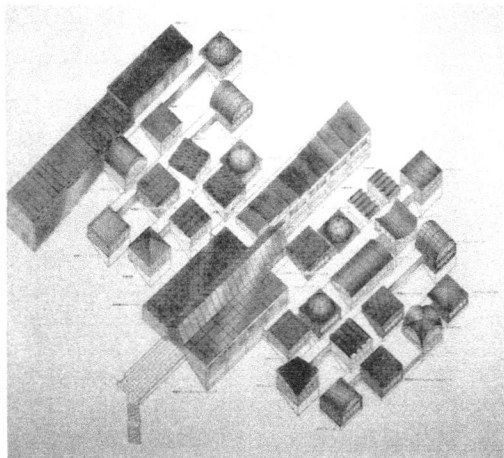

轴测图

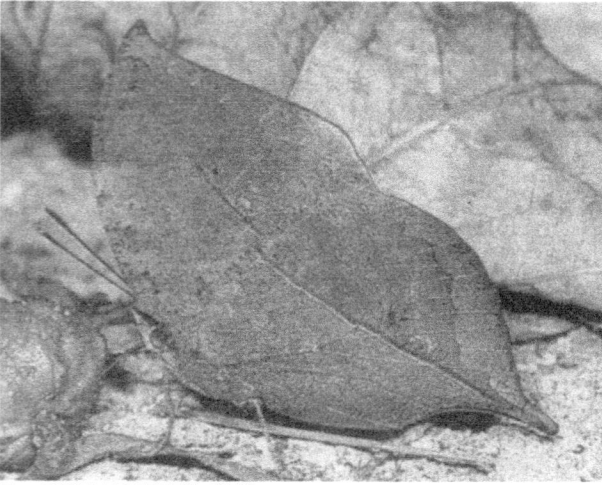

图1　自然界中的拟态事例（叶蝶）

图2　自然界中的拟态事例（蛾）

图3　自然界中的拟态事例（七节虫）

第 3 章

外装

总论

01 与街道协调

02 与自然协调

03 浮现

04 象征性

　　所谓"外装"就是对外观给以装饰，在自然界中，动、植物以"拟态"方式与周围协调，以防外敌袭击，保护自己，或像草、树木、花朵一样以强烈的色彩诱惑虫类，传播花粉，还有蝴蝶、蛾子等以斑纹蒙混鸟类眼睛，或威吓对手等等。各种实例不胜枚举（见图1~图3）。

　　人类也以服装装饰自己。"衣、食、住"是人类的头等重要事项。人类在工作、休息、玩乐时，也按照不同目的、场合进行穿戴。可以说这是与自然界的动、植物类似的事例。

　　建筑的外观积聚形成城市景观。即，形成所谓

的"公共存在"。这就是为什么说建筑是"社会的艺术"的原因。

　　建筑通过"外装"，与自然环境和城市空间协调、共存，或是通过"外装"，使建筑成为地域的象征或标识。

　　这样的公共建筑可以作为商业建筑，起到广告的作用，能发出各种各样的信息。

　　"外装"在建筑中主要是表现外观的手段。在本章分为："与街道协调"、"与自然协调"、"浮现"、"象征"四个部分。

　　以下对"外装"手法进行解说。

01
与街道协调

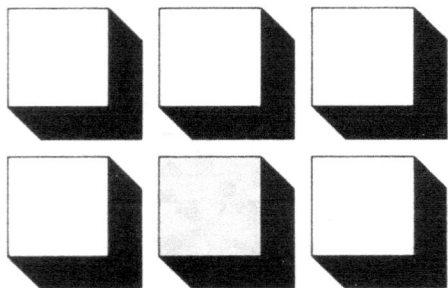

第二次世界大战中，世界的主要城市都遭受了重创。特别是日本的首都——东京化为了焦土。在战后的复兴期，东京开始了无计划的乱建，其结果形成了今天的状况。

东京江户时代的城市结构，以及明治、大正时期的现代化规划也都无影无踪了。东京可以说完全是无规划、无秩序地建造出来的城市。

然而，近年来，这种偶发地建造出来的城市，却因为世界上没有先例而引起注意。因为，通常所谓的城市是从公共设施集中的核心向周围的郊区扩散发展，逐渐地失去规则性、连续性。而东京则是从中心向周围无规则地绵延扩展，形成特异的城市结构（见图1）。

竹山圣称这一倾向为"不连续的连续城市"（无秩序造型的绵延连续）。

富永让则称之为"由人工物体的集聚而自然产生的城市"。应当接受这一"第2的自然"。

历来，作为与街道同化的手法，在"自然形成的城市"以及"历史的城市"中，要建造新的建筑物时，从保护历史景观的立场出发，有各种各样的尝试事例（见图2）。但日本主要的城市，几乎都具有前述的无规则性。对此，这些方法也无法对应。

名古屋、大阪也与东京同样，都曾遭到空袭。广岛、长崎还遭受了原子弹袭击。因此，历史景观几乎消失殆尽（见图3）。

本章不限于与历史环境共生，而是作为"工业的现实广场"的一员，通过许多实例观察、探索与现代城市协调的设计手法，以及今后城市景观的存在方式。

作品举例

- 京都的街道（传统建筑）
- 拉务塔大楼（阿尔瓦·阿尔托）
- 秋田相互银行角馆支店（宫胁檀建筑研究室）
- 水无濑的街屋（坂本一成）
- 散田共同住宅（坂本一成）
- 明翰库拉特巴哈美术馆（汉斯·霍莱因）
- 盈进学院东野高等学校（克里斯托弗·亚历山大/环境构造）
- 风塔（伊东丰雄建筑设计事务所）
- SPIRAL（桢综合规划事务所）
- 风卵（伊东丰雄建筑设计事务所）
- Hillside Terrace（桢综合规划事务所）
- 那须高原和声厅（早草睦惠＋仲筱顺一·赛尔空间建筑）

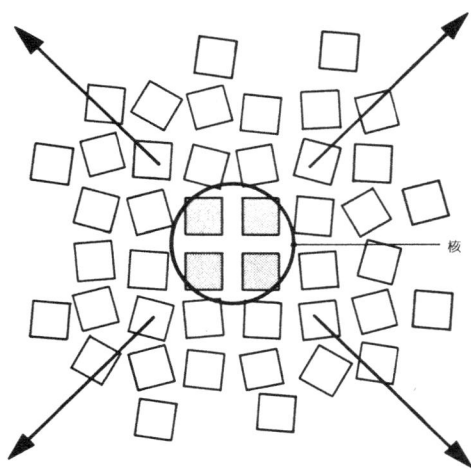

有规划的城市 　　　　　　　　　　　　　　　　　　东京的城市结构

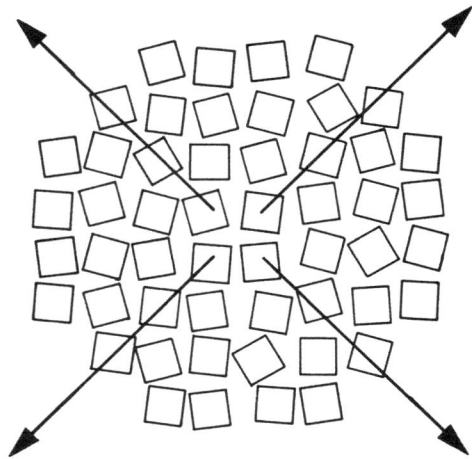

核

图1　有规划的城市与东京的城市结构

图2　历史景观完全保存之例（长崎）

图3　大阪的城市景观

作品举例

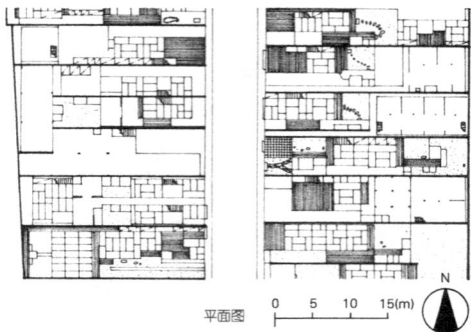

平面图

0 5 10 15(m)

N

外观

京都的街道
京都 江户时代初期——明治时代
传统建筑

京都的古街道，称为"街屋"（临街房屋）的兔笼般的住所，门口狭小，进深狭长的住居沿着街地排列。前部正面都使用格子门，但各户的内室设置却各不相同。

外观

拉务塔大楼
芬兰 赫尔辛基 1954
设计：阿尔瓦·阿尔托

拉务塔办公大楼的大窗户正面外观与原有的办公大楼大窗户的正面外观相连接，与街道景观协调。它教示我们什么是建筑的公共性。

外观

秋田相互银行
角馆支店
秋田 1977
设计：宫胁檀建筑研究室

在仓库式建筑著称的街道上，银行建筑也以仓库风格建造，使之与街道协调同化。

水无濑的街屋

东京　1979
设计：坂本一成

　　街屋以别墅式的外观与街道同化。住宅内部空间复杂，宛如包含着城市的基因一般。

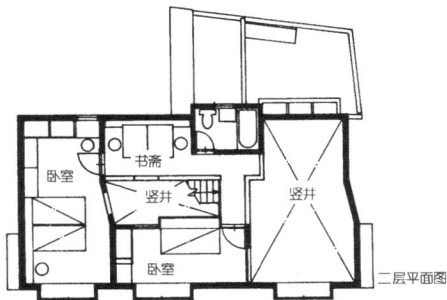

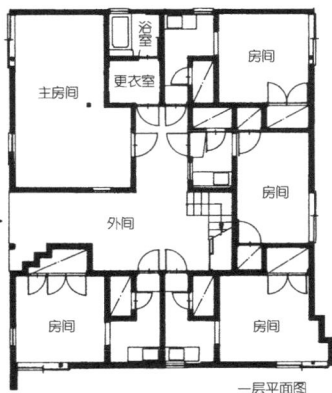

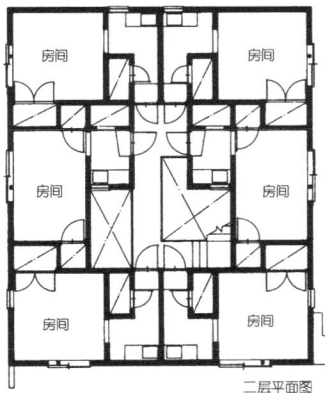

卧室　书斋
竖井
卧室　竖井
二层平面图

厨房　餐厅
入口　客厅
仓库
一层平面图

南立面图

0　　　　2　　　　4(m)

0　　2　　4　　6(m)
N

散田共同住宅

东京　1980
设计：坂本一成

　　散田共同住宅是与街道协调的小型公共住宅楼，设有一般街路进入到公共住宅楼的室外空间，可以称之为城市遗传基因的作品。

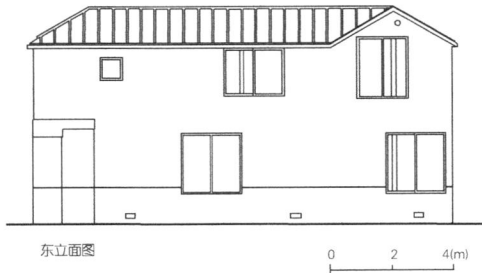

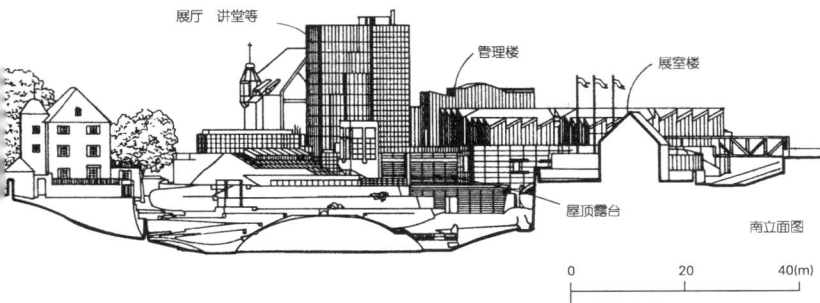

浴室
更衣室　房间
主房间
外间
房间
房间　房间
一层平面图

房间　房间
房间　房间
房间　房间
二层平面图

0　　　　　5　　　　　10(m)
N

东立面图

0　　2　　4(m)

明翰库拉特巴哈美术馆

德国　明翰库拉特巴哈　1982
设计：汉斯·霍莱因

　　明翰库拉特巴哈美术馆看上去像是数个建筑物复合的城市空间，而实际上是个单体建筑。外观分割成多样的街道建筑形态，将巨大的空间巧妙地融合于城市。

展厅　讲堂等
管理楼
展室楼
屋顶露台
南立面图

0　　　　20　　　　40(m)

与街道协调

外观

盈进学院东野高等学校

埼玉 1985
设计：克里斯托弗·亚历山大/环境构造

学校校舍完全都可以称为图案的代码，是按照街道的类型进行设计的。亚历山大以自身的理论与实践，将学校建筑建成人工制造出的自然城市。

外观

风塔

神奈川 1987
设计：伊东丰雄建筑设计事务所

建筑物具有对应风、雨、光线、声音、空气等的特点，以及可对应温度、湿度等的环境变化。通过电脑控制，使建筑物时刻都处在发光的状态。这是变化的城市中的直观装置。

SPIRAL

东京 1989
设计：桢综合规划事务所

日本城市中建筑物接毗连踵，而SPIRAL表现出非连续性的建筑立面，和谐地融合于东京青山的市街。

外观

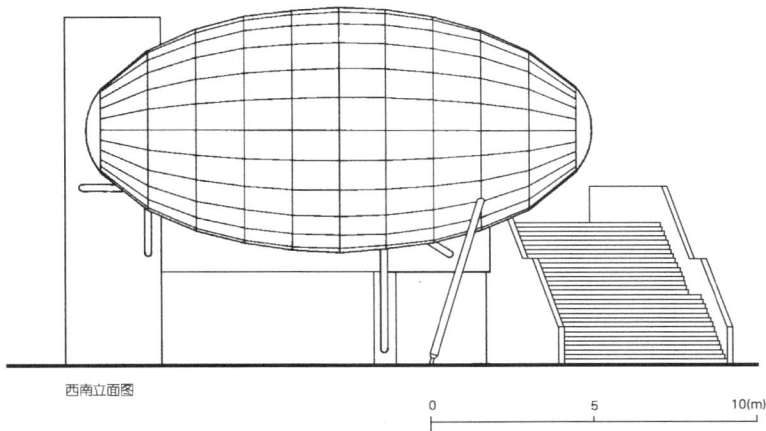

西南立面图

0　　　　　5　　　　10(m)

风卵

东京　1991

设计：伊东丰雄建筑设计事务所

　　风卵集合住宅的主门是向城市空间发出信息的装置，该设计者与前页的"风塔"同样，由液晶投影广告板放映图像和音响。与周围的噪声、车流等城市噪声同化，并成为其一部分。

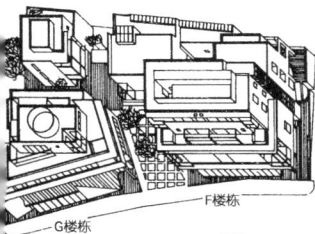

Hillside Terrace

东京　1969~1978

设计：桢综合规划事务所

　　在大约一个世纪的四分之一的岁月里，该集合住宅曾5次增建，虽然保持着一惯性，但各建筑时代背景重层化。所以，自然形成了成熟的景观。这正是理想的街道建造的范例。

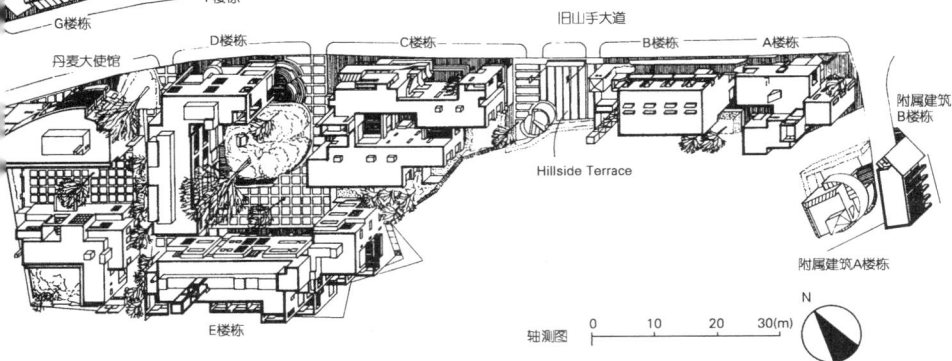

G楼栋
F楼栋
旧山手大道
丹麦大使馆
D楼栋　C楼栋　B楼栋　A楼栋
附属建筑
B楼栋
Hillside Terrace
附属建筑A楼栋
E楼栋
轴测图
0　10　20　30(m)
N

与街道协调

北立面图

东立面图

0　　20　　40(m)

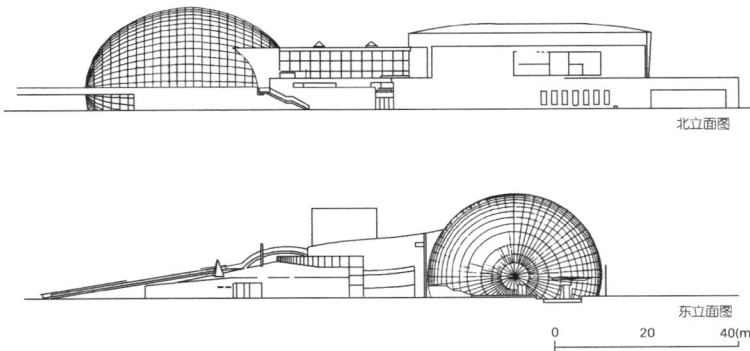

那须高原和声厅

栃木　1995

设计：早草睦惠＋仲筱顺一·赛尔空间建筑

　　为使巨大建筑与住宅区的街市协调，将那须高原和声厅分割为街市比例的作品。

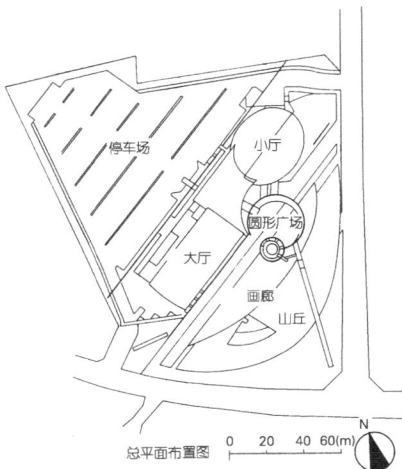

停车场
小厅
圆形广场
大厅
回廊
山丘
总平面布置图
0　20　40 60(m)
N

02
与自然协调

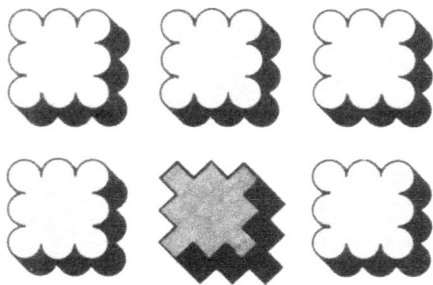

看一下自然形成的建筑，建筑物多与自然环境协调。例如，飞禅高山的大屋顶民宅，其稻草屋顶与周围树木融合。与周边的山峦形态同化的大坡度屋顶，自然协调地矗立在那里（见图1）。

在世界各地都可以看到很多这样的事例。与当地的地形、树木、山石，或是砖石相协调，与自然环境同化。为与当地的地理、风土、气候条件相适应，经过长期的进化而形成其固定的难以改变的综合形态。

在自然环境中的建筑物的设计，最应注意的是如何不破坏景观。

在建筑设计中，造型独特是重要因素，但是，在自然环境中，独特造型却往往显现出它是人的私欲的产物。

在现代派建筑的时代，称为"国际形态"的建筑，打着不具有地域特征，在全世界通用的现代化建筑的旗号，并在这一旗号掩护下，在自然环境中不断建造，结果致使景观破坏不断深化。

只有数十年历史的现代派建筑，在经过长年岁月之后，会被与自然环境同化的自然产生的建筑所取代。

近年来，自然环境破坏的危机感在全世界高涨，建筑也将会比以往更接近自然（见图2）。

本章节列举数个实例，解说建筑与自然环境的同化与共生。

作品举例
- 桂离宫竹墙（八条宫智仁·智忠亲王）
- 约翰逊制蜡公司办公楼（弗兰克·劳埃德·赖特）
- 奥克兰美术馆（凯温·鲁齐，约翰·蒂盖尔）
- 赛吉威科图书馆（龙，伊尔迭）
- 悉尼歌剧院（约恩·伍重等）
- 今归仁村中央公民馆（象设计集团 + Mobile工作室）
- 同志社女子大学图书馆（鬼头梓建筑设计事务所）
- 六甲集合住宅（安藤忠雄建筑研究所）
- 谷村美术馆（村野藤吾 + 村野·森建筑事务所）
- 大和国际（原广司 + 筏建筑研究所）
- 空其内塔宾馆（日建设计）
- acros福冈（埃米理奥·安巴斯）
- 京都车站大楼（原广司 + 筏建筑研究所）
- 埃姆威布（久米·鹿岛·奥村·日产·饭岛·高木设计共同企业）
- 羽根木森林集合住宅（坂茂建筑设计）

图1　飞弹高山的大屋顶民宅

图2　与自然环境同化的实例

桂离宫竹墙
京都 1615~1662
设计：八条宫智仁·智忠亲王

    桂离宫竹墙是将生长的竹子顶端弯曲，使其作为围墙，与周围桂川土坝的环境极为协调。

竹墙全景

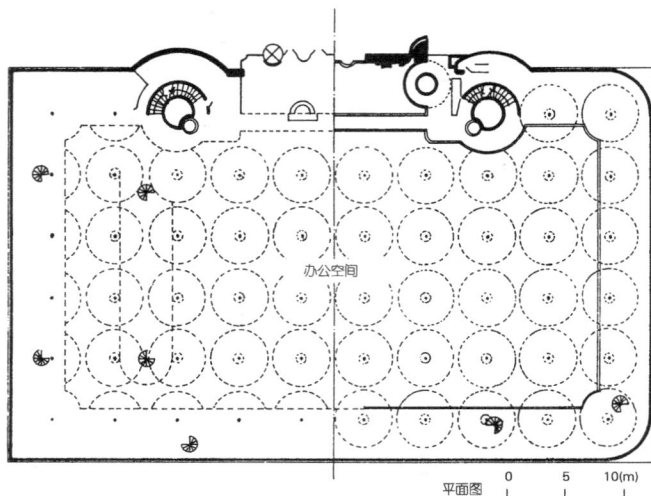

办公空间

平面图

0 5 10(m)

约翰逊制蜡公司办公楼
美国 威斯康星 1939
设计：弗兰克·劳埃德·赖特

    这是代表美国现代派建筑的巨匠赖特的后期杰作。办公楼易成为千篇一律的无特点形态，而该作品使用圆盘状的钢筋混凝土方格肋板，表现森林的感觉。办公楼的钢筋混凝土的方格肋板相互连接，间隙则成为了天窗，就像森林里阳光透过树枝洒入一般的空间。

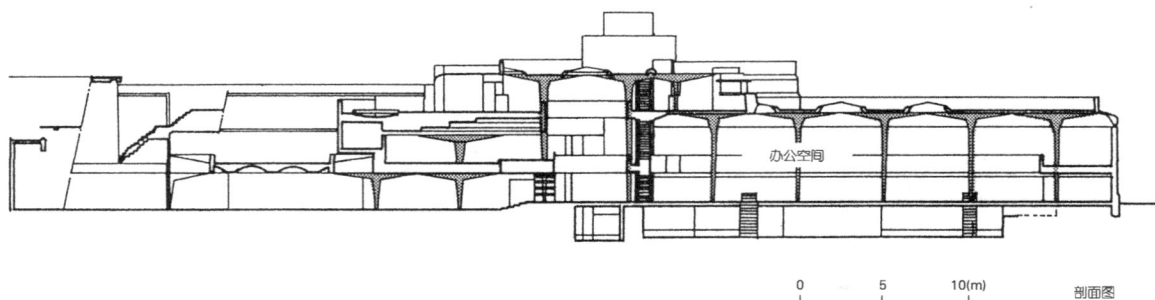

办公空间

0 5 10(m) 剖面图

奥克兰美术馆
美国 加利福尼亚 1968
设计：凯温·鲁齐，约翰·蒂盖尔

    奥克兰美术馆为保管美术品，尽可能避开自然光，以此为目的的展室、收藏室全设在地下，上部只作为庭院。而庭院则对室外的雕塑展览起着作用。

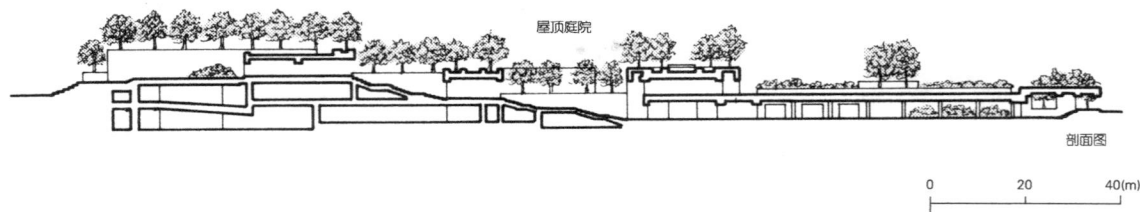

屋顶庭院

剖面图

0 20 40(m)

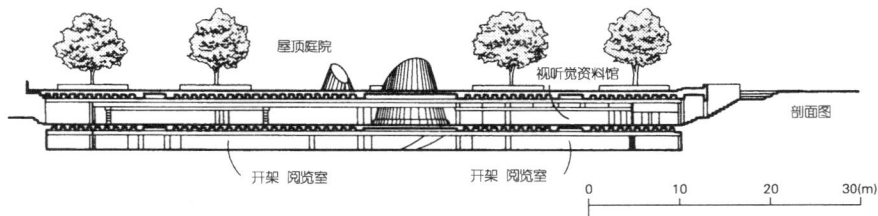

剖面图

屋顶庭院　视听觉资料馆

开架阅览室　　开架阅览室

0　10　20　30(m)

赛吉威科图书馆
加拿大　温哥华　1972
设计：龙，伊尔迭

赛吉威科图书馆为保管好书籍而将图书馆设于地下，台阶的各处都建造成受光的庭院，栽种树木。阳光透过树丛洒入光的庭院，使人忘掉是在地下的空间。

悉尼歌剧院
澳大利亚　悉尼　1973
设计：约恩·伍重等

视觉图上，人工湖上浮现着歌剧院，还带有船帆和海鸥。这是在设计比赛中出色地获得一等奖的作品。

但是，人类总是思想先行，悉尼歌剧院的建成是数年以后的事情。悉尼歌剧院与水边的景观协调同化，极为出色。

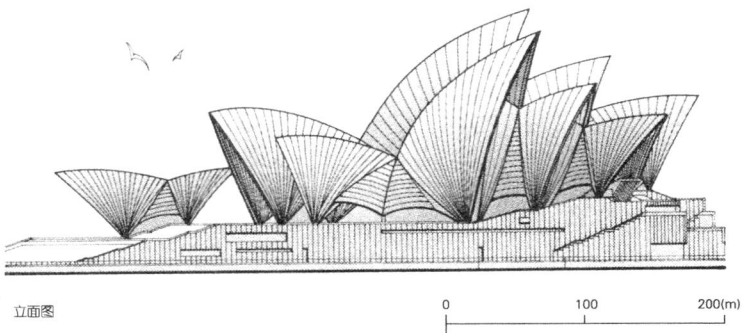

立面图

0　100　200(m)

外观

与自然协调

今归仁村中央公民馆
冲绳　1975
设计：象设计集团＋Mobile工作室

今归仁村中央公民馆的图书馆的屋顶上建有阳台，阳台上葛藤缠绕，利用植物的折光性来反射冲绳强烈的阳光。植物对建筑物也起着隔热的作用。

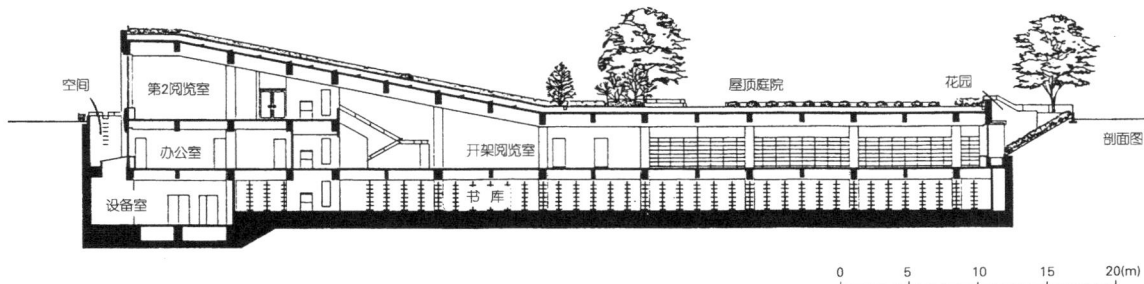

空间　第2阅览室　屋顶庭院　花园

办公室　开架阅览室　剖面图

设备室　书库

0　5　10　15　20(m)

同志社女子大学图书馆
京都　1977
设计：鬼头梓建筑设计事务所

同志社女子大学图书馆为保存书籍，避免阳光直射，将图书馆建在地下。地上是开放的绿地广场。

外观

六甲集合住宅
兵库　1983~1993
设计：安藤忠雄建筑研究所

　　六甲山陡斜坡面上，以往不可能进行建筑。而今，与地形同化建造了六甲集合住宅。随着集合住宅栽植的深化，与周围的山岭也更加协调。

外观

谷村美术馆
长野　1983
设计：村野藤吾＋村野·森建筑事务所

　　谷村美术馆的外壁与地面的材料相似，建筑物就像是从地下长出的一样。

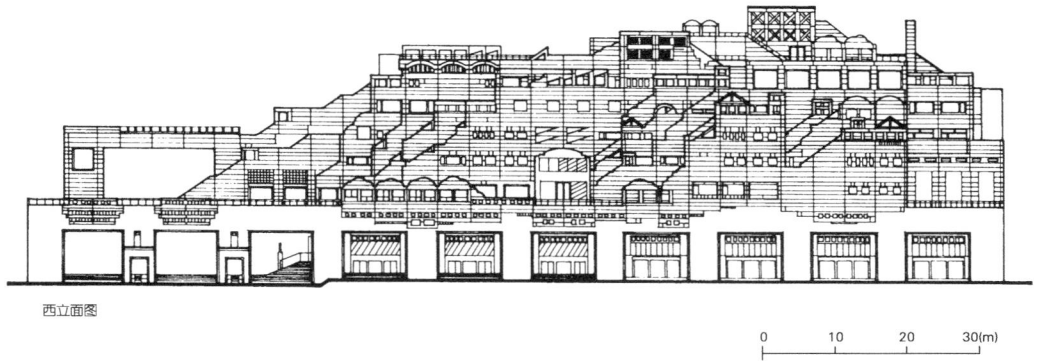

西立面图

0　　　10　　　20　　　30(m)

大和国际

东京　1987
设计：原广司＋筏建筑研究所

　　这是时装公司的办公室与仓库建筑，其并非是单纯的巨大箱体，而是创造出与自然的云、山相似的形态，以与周围协调，成功地创造出新的景观。

外观

空其内塔宾馆

神奈川　1991
设计：日建设计

　　这是在海边建造的巨大宾馆，以船帆作为造型，与水面相协调。V字形的设计，巧妙地将海的景色成功地纳入客房。

外观

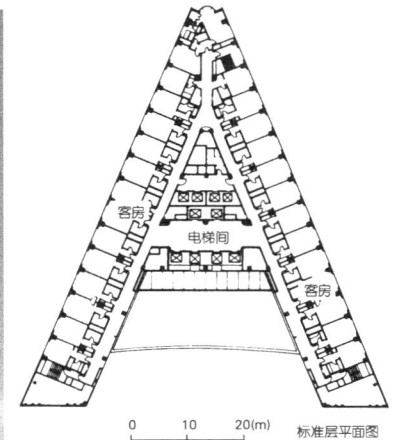

客房

电梯间

客房

0　　　10　　　20(m)　　标准层平面图

与自然协调

acros 福冈
福冈　1996
设计：埃米理奥·安巴斯

　　阶梯状形态的办公楼与公园连接，栽植与公园的树木连接在一起。这种对环境的关心，给城市以祥和感。

外观

外观

外观

京都车站大楼
京都　1997
设计：原广司+筏建筑研究所

　　车站大楼容易形成千篇一律的印象，而京都车站大楼则立面呈云和山的自然形态，或与城市景观相似的形态。壁面的风景设计与周边的环境协调，同时成为有新鲜感的风景。

外观全景

埃姆威布

长野 1996
设计：久米·鹿岛·奥村·日产·饭岛·高木设计共同企业

埃姆威布是长野奥林匹克的速度滑冰场。屋顶形态的设计使人联想起信州的山峦，创造出了"长野的特色"。

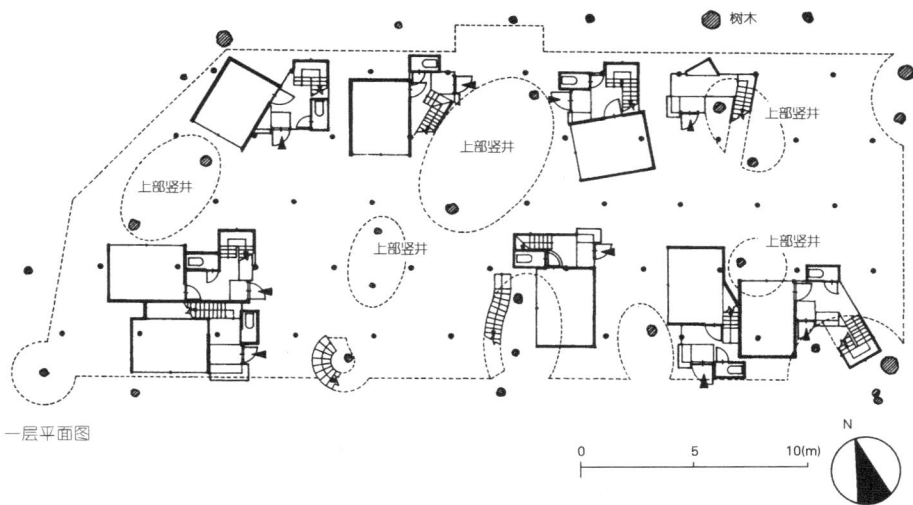

一层平面图

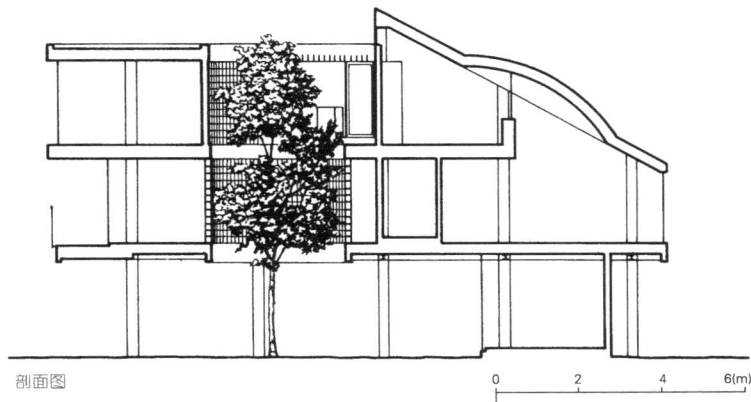

与自然协调

羽根木森林集合住宅

东京 1998
设计：坂茂建筑设计

该集合住宅设计时，为留住原有的树木，平面上设计了圆形和椭圆形的中庭。环境幽雅，居民可以享受到绿色，是自然与建筑共生的作品。

剖面图

03
浮现

建筑是接受重力的，所以地基必须扎根于地面。但出于对这种重力束缚的逆反，自古就有尽可能让建筑物轻轻浮起的尝试。

法隆寺是世界现存最早的木结构建筑，也是世界文化遗产。其中就有云状斗栱的组合结构物支撑着屋顶，看上去像是屋顶浮于云上。这种感觉在奈良时代便已有所表现（见图1）。

这种云状斗栱的组合结构物最讲究的实例是三尾神社，这里祭祀着月亮的白兔使者。神社的宫殿整体都是用云状斗栱的组合结构物来支撑。至今，仍然有着要向月球进发的宇宙飞船的感觉（见图2）。

除此之外，平安时代的宇治平等院的凤凰堂，整体的形态设计也像是要起舞飞翔的凤凰（见图3）。

如这些例子所示，将建筑摆脱重力控制，使其浮游的梦想自古就有。但实际上，建筑的浮游是不可能存在的。当然，只是表现为像是浮游的样子。

现代文明中，电子技术进步，节省能源等种种原因，使得包括建筑在内的事物也都向"短小轻薄"方向发展。于是，浮游的感觉今后会越来越成为时尚的美感。

由于上述理由，本章作为"外装"的手法，设置了"浮现"的项目。

以下列举古今东西"浮游感觉"建筑的表现方法与数个实例。

作品举例

●严岛神社（传统建筑）

●桂离宫书院群（八条宫智仁·智忠亲王）

●萨伏伊别墅（勒·柯布西耶）

●范斯沃斯住宅（密斯·凡·德·罗）

●蓝天住宅（菊竹清训建筑设计事务所）

●银盖（伊东丰雄建筑设计事务所）

●诺马托（伊东丰雄建筑设计事务所）

●鲁东达（山本理显设计工厂）

●平台建筑（妹岛和世建筑设计事务所）

●东京道木（日建设计，竹中工务店）

●F屋（坂本一成研究室）

●歌舞伎町的外衣（宫元健次等）

●八千代博物馆（伊东丰雄建筑设计事务所）

●再春馆制药女工宿舍（妹岛和世建筑设计事务所）

●艾瓦别墅（雷姆·库哈斯）

●新梅田城市（原广司＋筏建筑研究所）

●M住宅（宫元健次＋宫元建筑研究所）

●富士电视总部大楼（丹下健三·都市·建筑设计研究所）

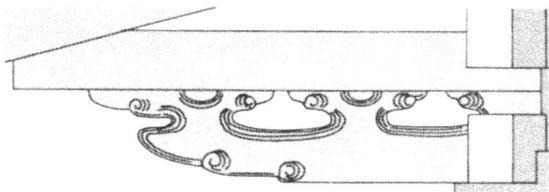

图1　法隆寺金堂　云状斗栱

图2　三尾神社　云状斗栱

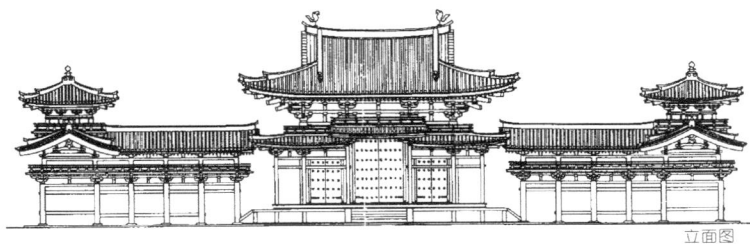

立面图

平面图

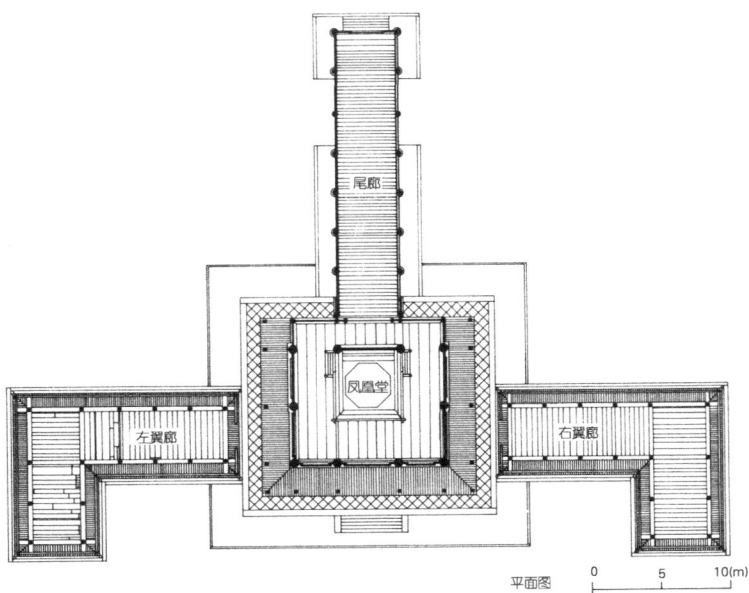

图3　平等院凤凰堂

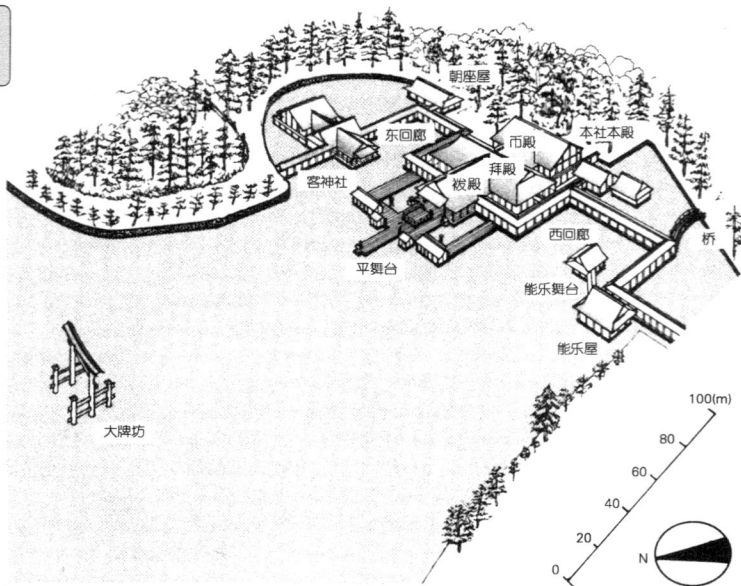

严岛神社
广岛　1168~1571
传统建筑

　　神殿建于海上，以高架对
应海潮的涨落，同时与屋顶
的异型弯度相对应，强化了
浮游飘动的感觉。

外观

桂离宫书院群
京都　1615~1662
设计：八条宫智仁·智忠亲王

　　桂离宫书院群建于桂川边上，为防洪水和赏月而设置了高台，
可尽早望见初月。由此创造出日本建筑中首屈一指的浮游感觉建
筑。《桂亭记》中的"云飞扬"就是赞赏其轻快漂浮的感觉。

萨伏伊别墅
法国　巴黎　1931
设计：勒·柯布西耶

　　勒·柯布西耶提倡的现代建筑
5项原则中，有采用基架式的提
议，这是其最典型的作品。用基
架式将住居空间提升到二层，连
庭院也都设在二层。

外观

南立面图

0　　　　　5　　　　　10(m)

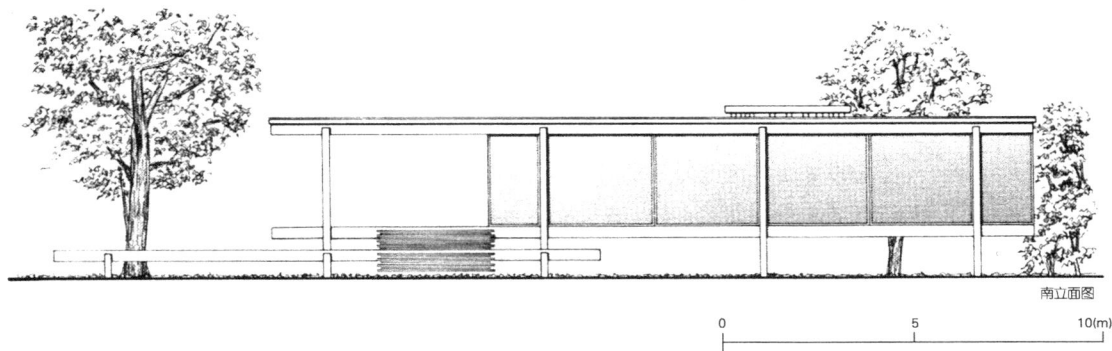

范斯沃斯住宅

美国　伊利诺伊　1950
设计：密斯·凡·德·罗

　　范斯沃斯住宅的周围是沼泽地，下大雨时，建筑物呈现出沼泽中浮动的船的样态。高于地面的台面，像小船般具有浮游飘动的感觉。

外观

蓝天住宅

东京　1958
设计：菊竹清训建筑设计事务所

　　蓝天住宅如同其名字一样，用4根钢筋混凝土的支柱把居住空间抬向高空。4根支柱并非设置在四角处，强化了飘游浮动的感觉。

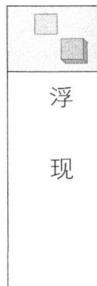

浮

现

银盖

东京　1984
设计：伊东丰雄建筑设计事务所

　　餐厅、客厅、卧室、书房等以钢筋混凝土的支柱支撑，其上架设5个轻盈的顶盖。

外观

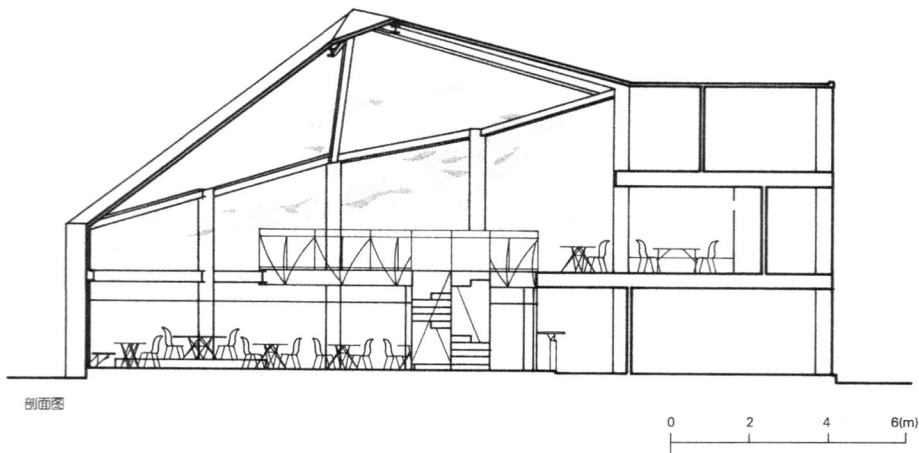

剖面图

0   2   4   6(m)

诺马托
东京   1986
设计：伊东丰雄建筑设计事务所

　　使用冷胀合金网眼钢板材料，使得餐厅建筑产生轻快的飘浮于空间的感觉。

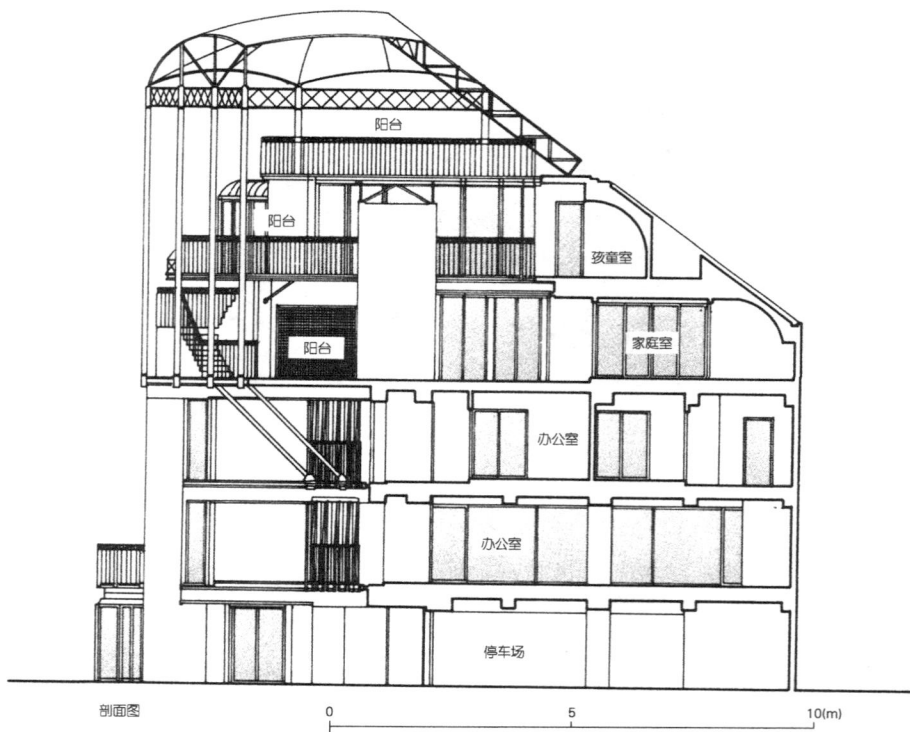

阳台

阳台

阳台

孩童室

家庭室

办公室

办公室

停车场

剖面图

0   5   10(m)

鲁东达
神奈川   1987
设计：山本理显设计工厂

　　这是多用途的大楼，上部作为住宅，带有帐篷覆盖的室外空间，给城市景观以轻柔爽快的感觉。

平台建筑

千叶　1988
设计：妹岛和世建筑设计事务所

　　平台建筑是具有轻快的缓波纹屋顶的住宅，屋顶不单纯是柱体，而是用 V 型钢架支撑，更增加了轻快感。

内部

东京道木

东京　1988
设计：日建设计，竹中工务店

　　东京道木是日本最早的恒久性大型空气顶盖建筑。用这样的大型空气顶盖覆盖城市和自然，在原理上并非不可能。可以说东京道木这一建筑形态给予了建筑以新的可能性。

内部

浮

现

F 屋

东京　1988
设计：坂本一成研究室

　　F 屋的桁架支撑的屋顶与墙壁脱离，看上去像是浮游在空中，并且按照室内的用途变化屋顶的高低，进一步增加轻盈感。

夜景外观

模型照片

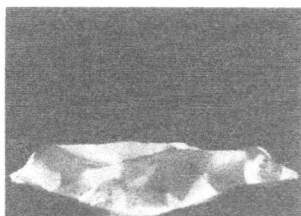
效果图

歌舞伎町的外衣
第2次塔克隆国际设计比赛受奖作品 1990
设计：宫元健次等

　　日本屈指可数的夜间繁华街——歌舞伎町，用一张空气外膜覆盖的项目设计方案。街上的能量投射在空气外膜上，"欲望的色彩"更会成为吸引人们的动力。

外观

八千代博物馆
熊本　1991
设计：伊东丰雄建筑设计事务所

　　作品宛如从天外飞来的不明之物，去掉了以往博物馆建筑的"壁"，成为轻盈的造型。

内部

再春馆制药女工宿舍
熊本　1991
设计：妹岛和世建筑设计事务所

　　女工宿舍大厅的上部浮游着各种建筑要素，其下部是居住空间，具有飘浮流动的轻快感。

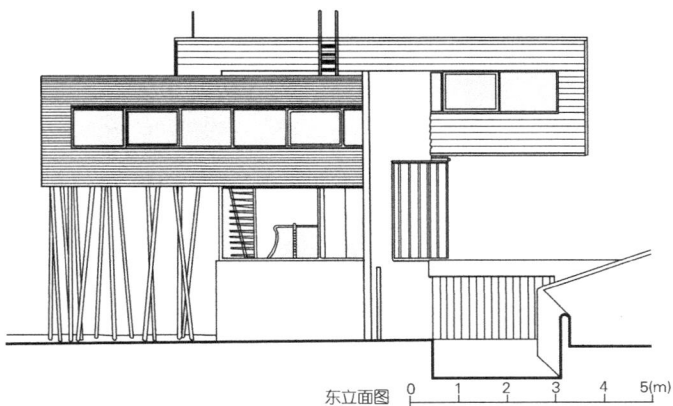

东立面图 0 1 2 3 4 5(m)

艾瓦别墅
法国 巴黎 1991
设计：雷姆·库哈斯

建筑的大部分提到二层，显出像是非垂直的要素支撑着，强化了浮游感觉。

外观

新梅田城市
大阪 1993
设计：原广司＋筏建筑研究所

作品是2个超高层大楼支撑着的空中庭院。大楼的外表用热反射玻璃，所以周围的城市空间映入其中，隐蔽了大楼自身的存在，宛如空中庭院浮游于城市之中。

模型外观

M 住宅
千叶 1993
设计：宫元健次＋宫元建筑研究所

不规则的立体桁架支撑着住宅的凹凸顶棚。客厅、餐厅、儿童室、卧室等各自所需的高度在一张凹凸屋顶下便可以得到。

浮
现

外观

富士电视总部大楼
东京 1996
设计：丹下健三·都市·建筑设计研究所

富士电视总部大楼左右侧的富士电视与日本广播的办公室，以梁柱结构框架相联系。中央是球状的展望台兼餐厅，像是在空中浮游飘动一般。

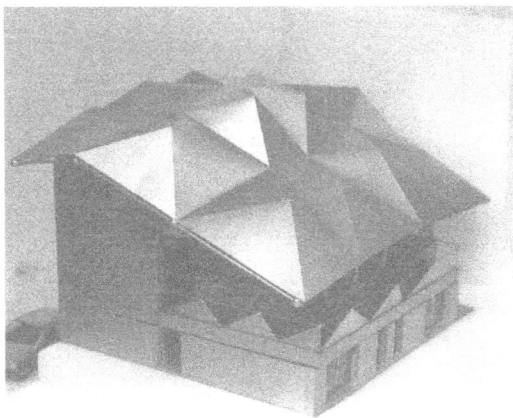

04
象征性

现代派建筑追崇"功能"，这是摆脱以往样式建筑的最重要的象征。看一下公元前的金字塔，以及前方后圆古坟，或是希腊神庙等等，可以一目了然，建筑原本就是最重视象征性的（见图1~图3）。

现代派建筑承认以往所有样式建筑丰富的象征性和装饰性。那些建筑物的装饰性和象征性空间，具有使来访者心灵感受到人类智慧和历史记忆的力量。

对此，现代派建筑作为理想的"国际形态"这一非地域性、国际通用的统一空间，的确是合理而无浪费的空间，但其地域传统及历史记忆等文化方面，则是不易认同的。

20世纪后期，现代标志派的建筑致力于恢复现代派建筑所摒弃的装饰性及空间象征性等小的要素，这不仅仅是对合理性的追求，也使建筑对人的精神作应力再次苏醒过来。

现代标志派建筑的倾向大致如下：

1. 功能及目的的象征。

2. 继承土地的历史、传统等。

3. 设计者的精神及心理的具体表现。

针对上述1的内容，本书列入了匹巴利德宾馆、杂创森学院、华歌尔麴町大楼、光的教会、朝日啤酒、真言宗本福寺水御堂等实例加以说明。

针对上述2的内容，本书列入了筑波中心大楼、钏路湿原博物馆、国立文乐剧场等实例加以说明。

针对上述3的内容，本书列入了织阵3、结晶色、麒麟啤酒公司大楼、青山制图学院1号馆等实例加以说明。

以下，以现代派建筑之外的作品为中心，对象征性建筑进行解说。

作品举例

- 日光东照宫阳明门（江户幕府办公处）
- 圣家族大教堂（安东尼奥·高迪）
- 东京车站丸之内站口（辰野金吾）
- 国会议事堂（临时议院建筑局）
- 匹巴利德宾馆（竹山实建筑综合研究所）
- 杂创的森学院（六角鬼丈设计室）
- 华歌尔麴町大楼（黑川纪章建筑都市设计事务所）
- 筑波中心大楼（矶崎新工作室）
- 钏路湿原博物馆（毛纲毅旷建筑事务所，石本建筑事务所）
- 国立文乐剧场（黑川纪章建筑都市设计事务所）
- 织阵3（高松伸建筑设计事务所）
- 结晶色（高崎正治都市建筑设计事务所，物人研究所）
- 光的教会（安藤忠雄建筑研究所）
- 麒麟啤酒公司大楼（高松伸建筑设计事务所）
- 朝日啤酒公司大楼（菲利普·斯塔克）
- 青山制图学院1号馆（渡边诚建筑事务所）
- 真言宗本福寺水御堂（安藤忠雄建筑研究所）

图1 埃及吉萨的三大金字塔

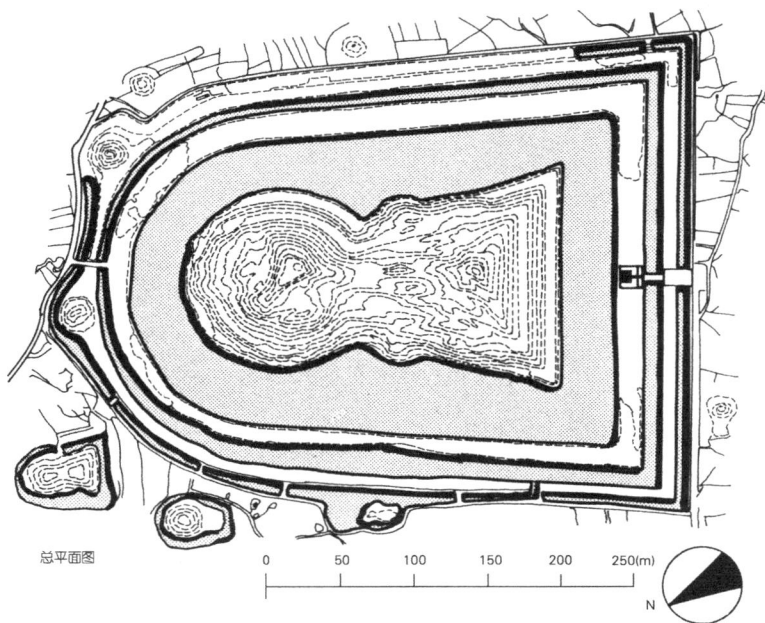

总平面图

0   50   100   150   200   250(m)

N

图2 仁德天皇陵前方后圆古坟墓总平面图

象征性

图3 希腊帕提农神庙立面图

作品
举例

日光东照宫阳明门
栃木　1617~1634
设计：江户幕府办公处

　　把德川家康作为神来祭祀的日光东照宫，其以大量的装饰和色彩著称。灵庙具有避邪的象征意义。如本书60页所述，步入参道，最后到达超然升华的境地。作为对场所的连结的参道对此起着重要的作用。

外观

南立面图

0　　10　　20(m)

圣家族大教堂
西班牙 巴塞罗那　1883~
设计：安东尼奥·高迪

　　西班牙圣家族大教堂具有像冰柱垂下的悬垂线倒立的特异造型的教堂。悬垂线倒立具有结构稳定的特点。从教堂最初建造至今已经过1个世纪，现在还在继续建造。据说，最终还要再建4座塔。

东京车站丸之内站口

东京　1914
设计：辰野金吾

　　东京车站丸之内站口的轴线经过凯旋道路，进一步通向皇宫。据说这一站口是为天皇设计的。即，东京车站的中央站口是天皇专用的出入口，而市民则使用两端的站口。换言之，东京车站丸之内的红砖入口是旧天皇制度的象征。

外观

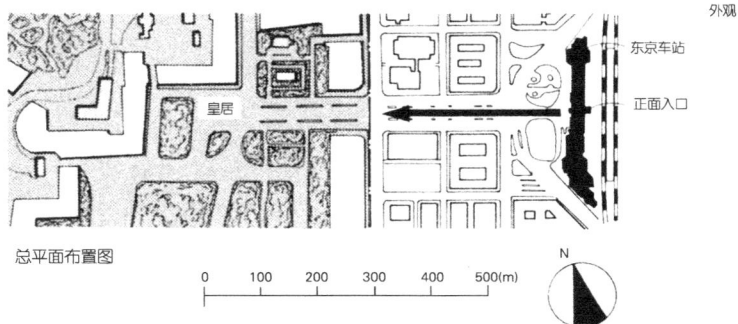

总平面布置图

0　100　200　300　400　500(m)

N

东京车站

正面入口

国会议事堂

东京　1936
设计：临时议院建筑局

　　国会议事堂是象征日本国家的建筑物。最早的设计方案是明治时代称为"帝冠样式"的建筑，建筑物冠以日本式的顶盖。

外观

象征性

外观

匹巴利德宾馆

北海道　1974
设计：竹山实建筑综合研究所

　　匹巴利德宾馆作为性爱旅馆的象征，使用男性生殖器的造型。

外观

杂创的森学院
京都 1977
设计：六角鬼丈设计室

　　杂创的森学院是以风
为象征的学校建筑，建筑
物所有的塔的高度都不同，
在视觉上没有重复感。

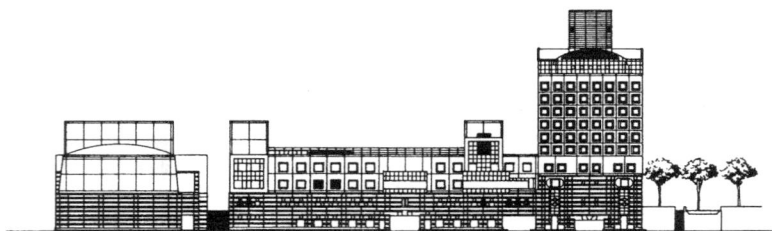

东立面图

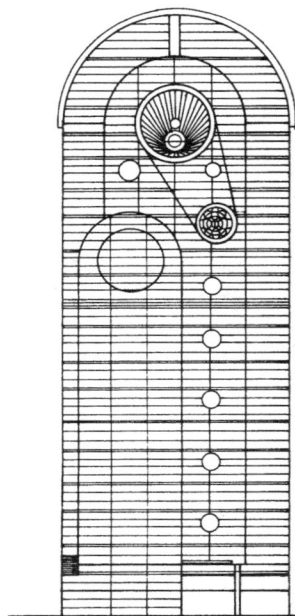

0　10　20　30(m)

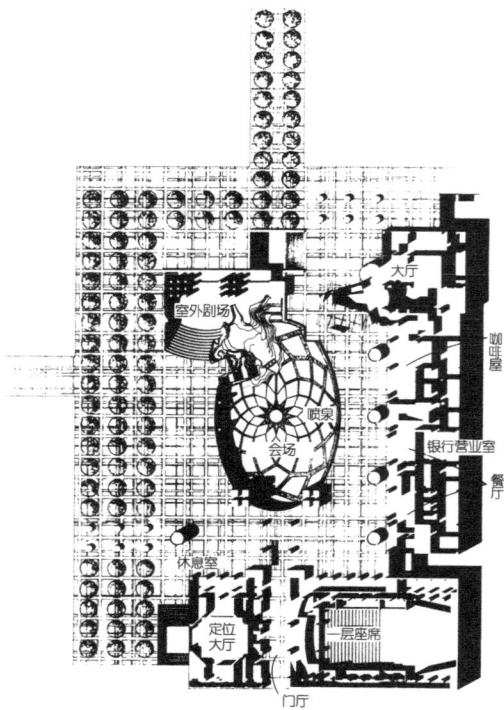

东立面图

0　5　10(m)

平面图

0　20　40(m)

N

华歌尔麴町大楼
东京 1984
设计：黑川纪章建筑都市设计事务所

　　华歌尔麴町大楼设计为缝纫
机的形象，象征成衣厂家。

筑波中心大楼
茨城 1983
设计：矶崎新工作室

　　筑波中心大楼是将意大利城市中心的坎比德理奥广
场（见108页）反转，即具有阴性和阳性关系的广场。
坎比德理奥广场是在山丘之上，经过反转，在此而降
向低处。广场出现龟裂，暗示着丧失了人工城市的中
心位置。

钏路湿原博物馆

北海道 1984
设计：毛纲毅旷建筑事务所，石本建筑事务所

　　钏路湿原博物馆作为象征湿地的作品，引用了女性生殖器的造型。实地考察可以发现，作为这一望无际的大湿地的象征，所建造的这一作品，可以使人联想到万事轮回。

内部

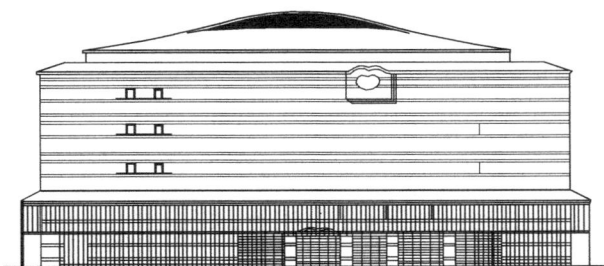

南立面图

0　　10　　20(m)

国立文乐剧场

大阪 1983
设计：黑川纪章建筑都市设计事务所

　　国立文乐剧场外观的最大特征是正面的立面是一个桶，象征着曾经是草原小屋的历史必然要素。另外，令人想起竹箭的纵格子，以及入口的护板等都是现代建筑所抛弃的日本建筑的传统要素。

象
征
性

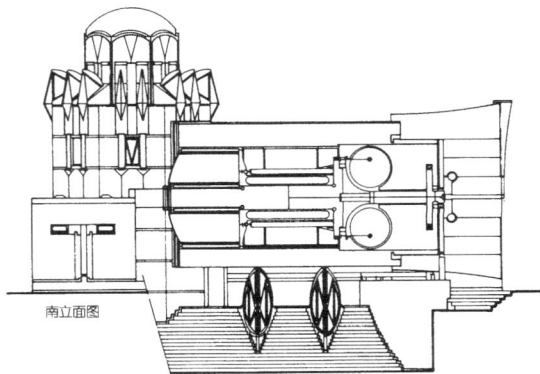

南立面图

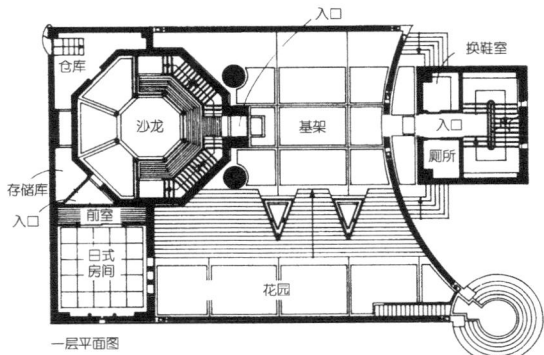

入口
换鞋室
仓库
沙龙
基架
入口
存储库
入口
厕所
前室
白式房间
花园
一层平面图

0　　5　　10(m)

N

织阵3

京都 1986
设计：高松伸建筑设计事务所

　　京都的传统街市上，作为传统纺织业的区域，在满是街屋的西阵街区的一角，建造起织阵3这一形态突出的作品。

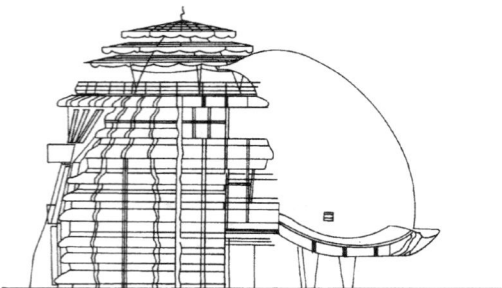

东南立面图

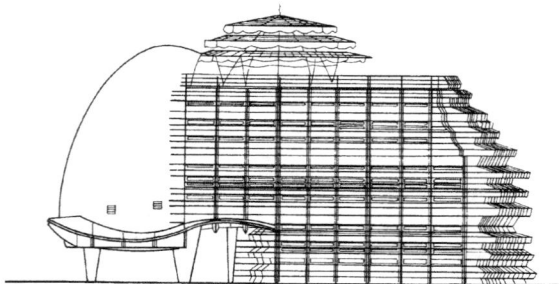

东北立面图

0   5   10(m)

结晶色

东京　1987

设计：高崎正治都市建筑设计事务所，物人研究所

　　这可以说设计者是将其作为社会艺术为目标的建筑，是极具象征性的作品。

内部

光的教会

兵库　1989

设计：安藤忠雄建筑研究所

　　据说最初光的教会的建造预算很少，所以不准备建造屋顶。但由于教徒的捐助而最终建起了屋顶。光线从教会的十字切缝投入，成为打动人们心灵的空间。

夜景外观

麒麟啤酒公司大楼

大阪　1987

设计：高松伸建筑设计事务所

　　麒麟啤酒公司大楼建于大阪南道顿护城河边，在多是商业设施的城市中放出异彩，给快乐的城市加进了象征性。

朝日啤酒公司大楼

东京：1989
设计：菲利普·斯塔克

　　朝日啤酒公司大楼的设计者对啤酒公司大楼上的象征性目标装饰解释为：啤酒的发泡。但社会上还有别的名称。不论哪种说法都具有震撼性，令人看后不忘。为使象征性的目标装饰更为醒目，其下部的大楼设计为不起眼的黑色外观。

外观

青山制图学院1号馆

东京　1990
设计：渡边诚建筑事务所

　　该建筑作为专业学校的象征由国际设计比赛中选取方案。未曾有过的外观成为现在涩谷的名胜。对城市景观来说是前卫的尝试作品。

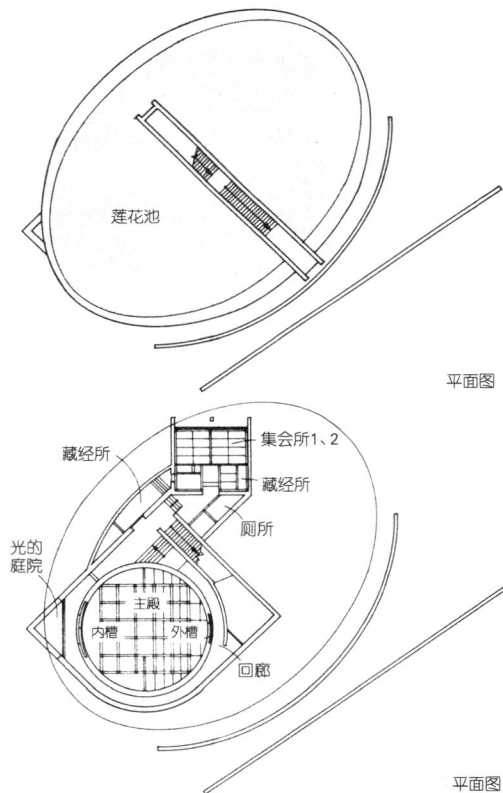

真言宗本福寺水御堂

兵库　1992
设计：安藤忠雄建筑研究所

　　寺堂的上部成为浮现着莲花的池塘。连接阶梯大胆地降入到池塘中。在这里可以感受到寺堂空间鲜艳的红色。

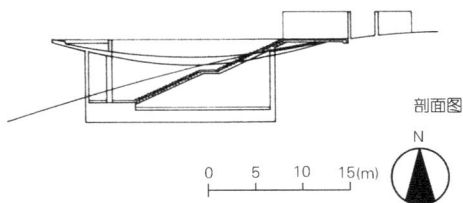

莲花池

平面图

藏经所　　集会所1、2
藏经所
光的庭院
主殿
内槽　外槽
厕所
回廊

平面图

剖面图

0　5　10　15(m)

N

象
征
性

长安城

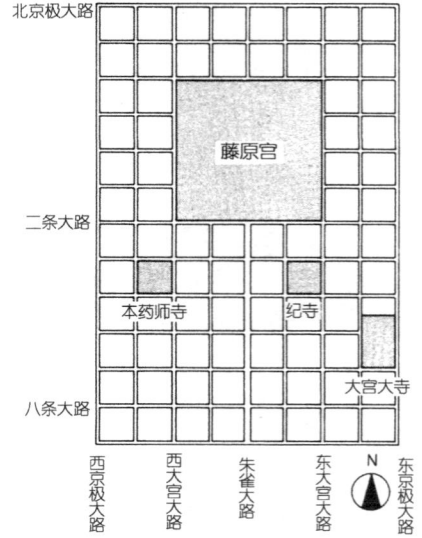

藤原京

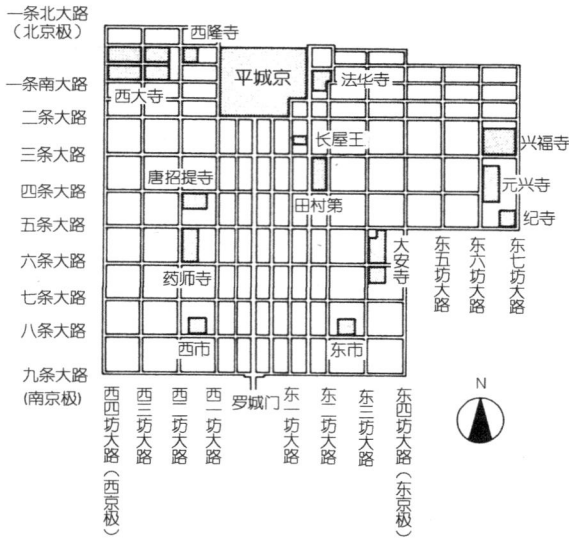

平城京

平安京

图1　由长安学得的城市形成之例

第 4 章

围 入

图2 桂离宫松琴亭茶室缘侧

图3 京都町屋的立面

黑川纪章说：日本的城市原本没有公共广场的概念，而是作为公共空间的街道。即，街道作为"分界区"，这种形式很发达。

其产生的背景是奈良的平城京、京都的平安京等日本的古代城市都是学习中国长安的布局，采用没有广场形式的格状街路的都城形式（见图1）。

日本是岛国，可以获得强度较高又易于加工的优质树木。所以，日本自古以来，都是以木梁柱结构的建筑为传统。这种形式可以使建筑物很容易地取得大的开口，深化内部与外部的关系。建筑物内部与外部的中间领域称为"缘侧"（见图2），这是日本很独特的形式，由此产生出既可以采光、通风，又可以遮住外界视线的格子窗等形式。

看一下京都的街屋，面对街道的不是墙壁，而是格子窗等形式的开口部。街道也不仅仅是街道，而是人们相互交流信息的空间（见图3）。

图4　意大利城市空间之例

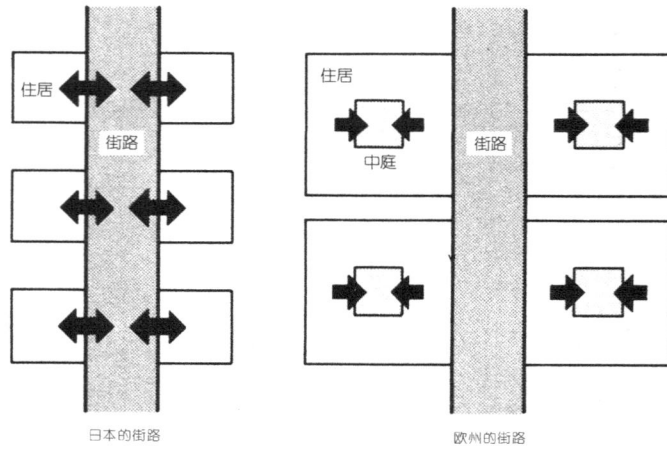

图5　日本与欧洲的街路

图6 中庭之例

对此，欧美大陆与日本相比，难以获得优质树木。所以，以土坯烧砖或石结构的建筑为传统，建筑物的壁体等于结构体。这种形式难以进行大的开口，内部与外部形不成紧密的关系。

例如，意大利的城市空间（见图4），寺院等公共设施只对广场有大的开口，一旦进入与广场连接的街道内，住居、店铺几乎都没有开口部，大多只是通路。可以说，意大利没有日本这样作为公共空间的街路（见图5）。

意大利的住居，内部与外部并非完全没有关系。各个住居的开口部都带有中庭，由此与屋外进行联系（见图6、图7）。

由此看来，所谓"公共空间"，日本的街道作为"分界区"的形式，与欧美的中庭，以及广场有很大区别。

本章以"围入"的表现手法为内容。这种不同形式的"公共空间"具有深远的影响。如果单是说"围入"，那不仅是广场，街路、寺庙的院落、建筑物的内部等都是"围入"的范围之列。应当从这种广义上来对待"公共空间"。

所以，以下列举数个广场之外的"公共空间"实例。以"场所围入"、"自然景色导入"、"街道导入"、"拒绝"等4个方法进行说明。

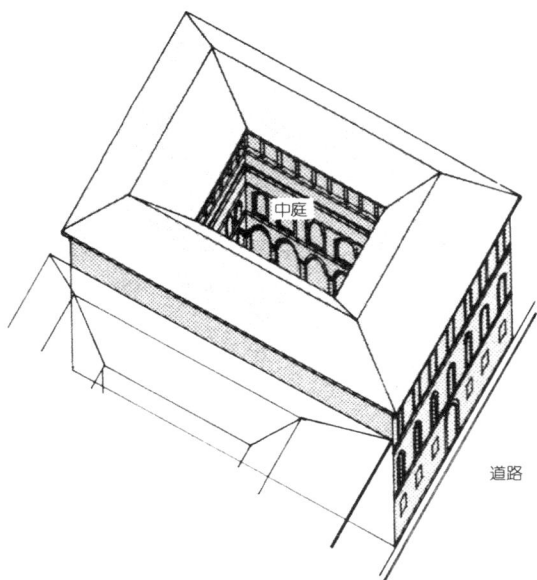

图7 意大利住居之例

01 场所围入

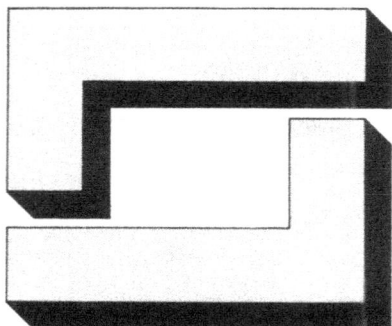

作品举例

● 坎比德理奥广场（米开朗琪罗）
● 江户城护城河（德川幕府）
● 广岛市现代美术馆（黑川纪章建筑都市设计事务所）
● 塞伊奈约基市政厅（阿尔瓦·阿尔托）
● 布拉泽住宅楼（宫胁檀建筑研究室）
● 栃木县立美术馆（川崎清＋环境建筑研究所）
● 雪谷之家（规划设计工作室/谷口吉生，高宫真介）
● 住吉的长屋（安藤忠雄建筑研究所）
● 建筑会馆（秋元和雄设计事务所）
● 六本木王子饭店（黑川纪章建筑都市设计事务所）
● 中庭（早川邦彦建筑研究室）
● 日本火灾海上保险轻井泽山庄（秋元和雄设计事务所）
● 冈山住宅（山本理显设计工厂）
● 馆山研修设施（宫元健次＋TCA）

为将室外的空间与外界独立开来，自古就有场所"围入"的空间创造尝试。早在公元前的希腊城市广场（Agora），以及罗马的论坛（Forum），都是作为广场来建造的（见图1）。

这些室外空间都是为守卫内部的空间，作为自卫城市与外界分离开的"围入"。在以后，这种"围入"进化为欧洲公共空间的广场。

中庭之所以使人心情舒适，正是因为有"围入"，人们由此才可获得安心感。从这一角度思考，中庭理所当然是从自卫城市发展而来的。从心理学来看，中庭的大小与围墙的高低对人的心理是有影响的。如果站在广场的中央，仰视周围最高部时，若在45°角以上，就会有完全围住的感觉；如果是在18°角以上，就会得到某种围住的感觉;而在18°以下，就会丧失围住的感觉（见图2）。

"围入"也有各种各样的方法。例如，"L"字形、"U"字形、"口"字形，或是建筑物的空隙间缝，以及复杂形态的"围入"等等（见图3）。

在断面形态上也有各种变化（见图4）。只将围墙面上多设几个开口部，可以由此窥视，这样围住的感觉就会减半，容易变成不能放心的空间。反之，不设开口部，结构组织不足时，便易于成为毫无表情的冷陌单调的空间。

另外，设置"围入"也需要注意阳光直接射入的方位。在南侧，应设置高的"围入"。但中庭若终日不见阳光，也会成为昏暗的空间。终日不见阳光的中庭，夏日有时也仍然暑热。以适度的阳光进入中庭为好。实际上，最有活力的广场实例，是开口部与结构给予适度的强调。同时，令人因为有"围入"而产生安全感。

以下列举数个成功的广场实例进行解说。

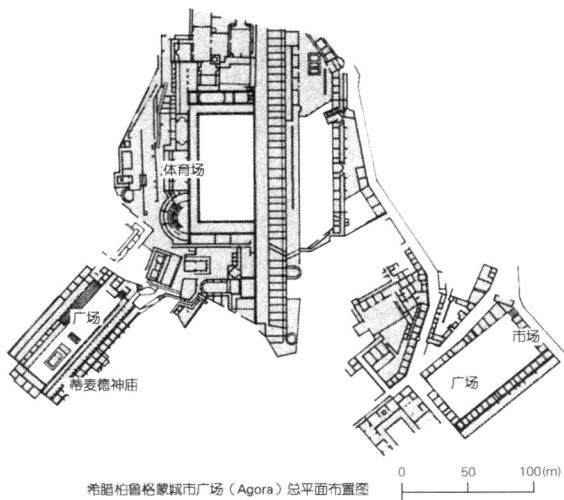

体育场

广场

蒂麦德神庙

希腊柏鲁格蒙城市广场（Agora）总平面布置图

0 50 100(m)

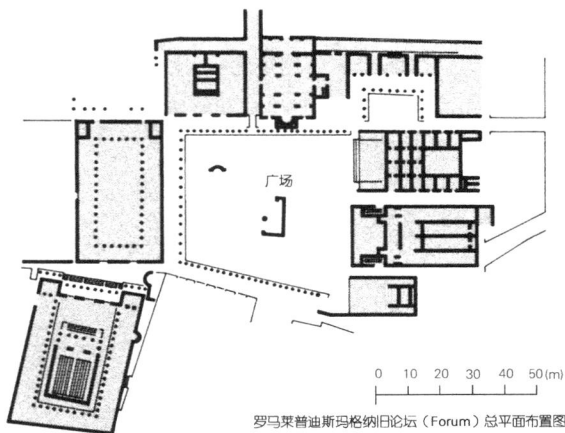

广场

市场

广场

罗马莱普迪斯玛格纳旧论坛（Forum）总平面布置图

0 10 20 30 40 50(m)

图1 古代欧洲广场之例

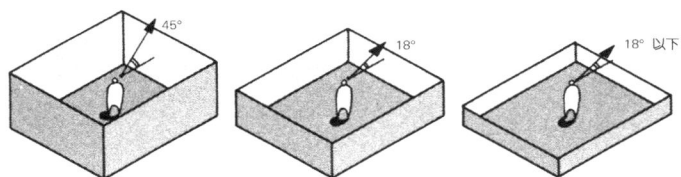

45°

18°

18° 以下

完全围住的效果

最小限度的围住感觉

围住感觉的完全消失

图2 中庭的大小与环围的高低

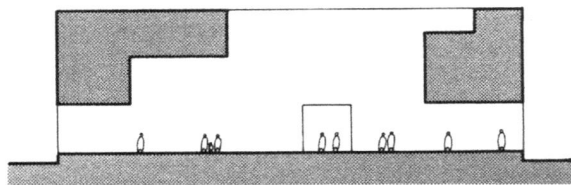

引导进入建筑物内部的中庭

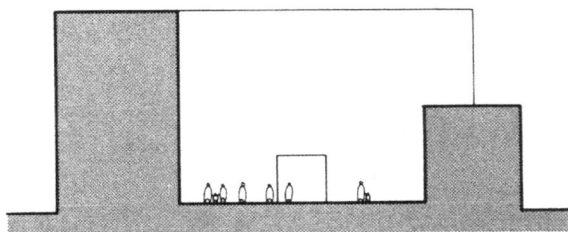

完全围住的中庭

图4 中庭的变化（剖面形状）

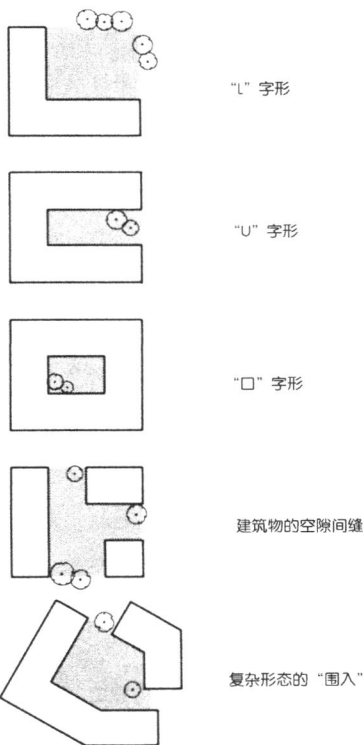

"L" 字形

"U" 字形

"口" 字形

建筑物的空隙间缝

复杂形态的"围入"

图3 中庭的变化（平面形状）

场所围入

107

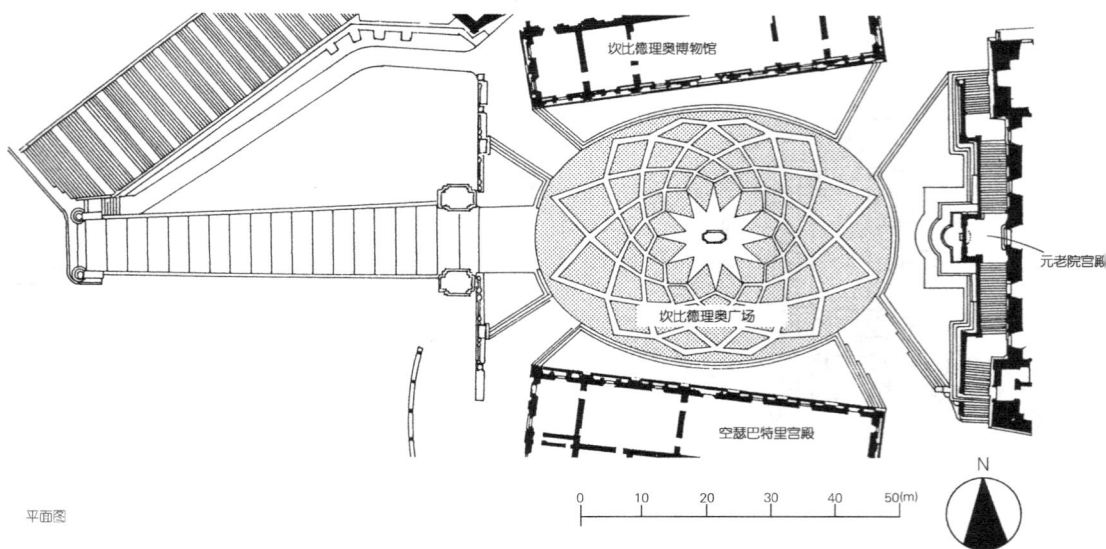

坎比德理奥博物馆

元老院宫殿

坎比德理奥广场

空瑟巴特里宫殿

平面图

0 10 20 30 40 50(m)

N

坎比德理奥广场

意大利罗马　1547
设计：米开朗琪罗

　　通向山丘上广场的阶梯与广场整体细长形态，形成了强调远近感的透视法。椭圆形的状态也会使人感到像是圆形，更为强化了远近感。

牛入门　田安门　大手门

中心

西侧中心

赤坂门

半藏门

虎门

常盘桥门

N

总平面图

江户城护城河

东京　1594~1644
设计：德川幕府

　　江户城的护城河是江户设置幕府时规划设计的。以江户城为中心螺旋状外扩挖掘。这样的护城河围入可以有下列优点和作用：
　　1.防止失火时的延烧。
　　2.难以攻入。
　　3.容易使用船只进行城市建设。
　　这样的螺旋状护城河围入，按照风水学的说法，可以"集气"于江户城。

一层平面图
0 10 20(m)

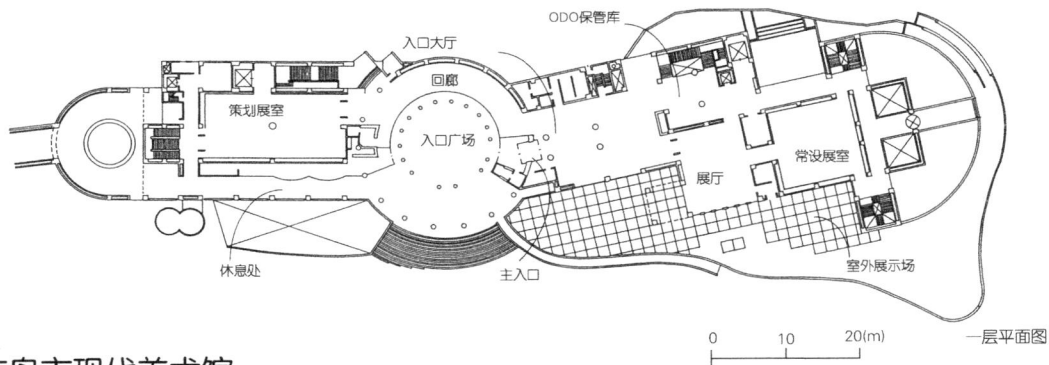

广岛市现代美术馆

广岛 1988
设计：黑川纪章建筑都市设计事务所

广岛市现代美术馆设置常设展室与策划展室，这样不同特性的空间以广场围入，连接通道成为外部与内部的中间领域，人们可以自由进入。

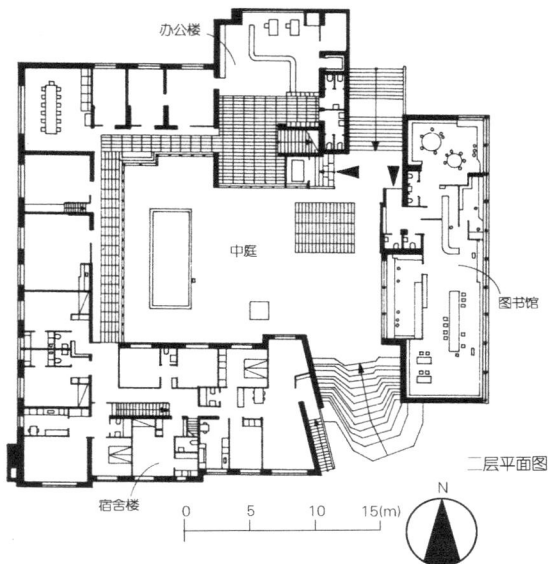

塞伊奈约基市政厅

芬兰 塞伊奈约基 1952
设计：阿尔瓦·阿尔托

塞伊奈约基市政厅是现代派建筑的巨匠阿尔托的杰作，是建筑围入中庭形式的代表作。图书馆、办公室、会议厅的复合体环围二层中庭。

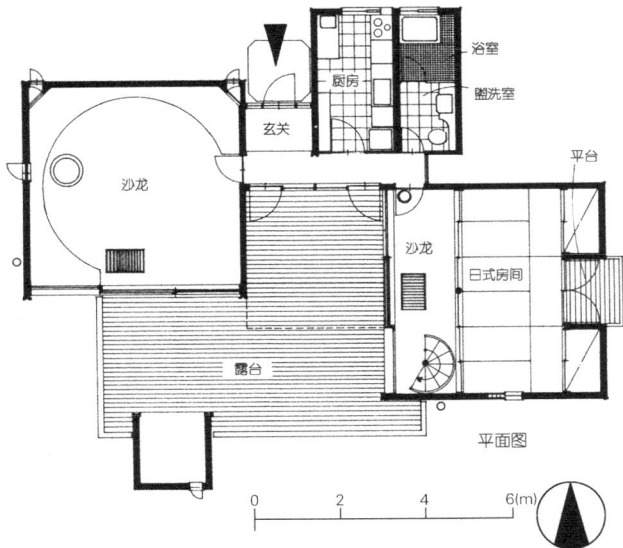

二层平面图
0 5 10 15(m) N

场所围入

平面图
0 2 4 6(m)

布拉泽住宅楼

静冈 1968
设计：宫胁檀建筑研究室

布拉泽住宅楼的建筑结构为各个单一空间环立在广场一般的平板周围。

109

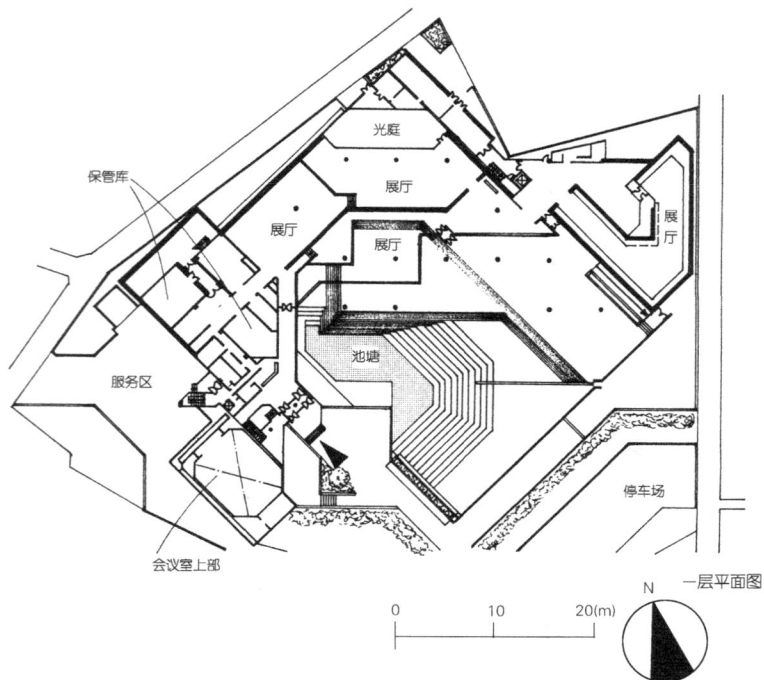

一层平面图

0　10　20(m)

N

栃木县立美术馆

栃木　1972
设计：川崎清＋环境建筑研究所

　　美术馆的中庭作为阶梯状的室外剧场。围绕着池塘，设置了舞台与阶梯状的广场。庭院美丽，可用于多种用途，演出及小型音乐会，或者是雕塑展等。

雪谷之家

东京　1975
设计：规划设计工作室/谷口吉生，高宫真介

　　经过细长的通道可来到门口，并与中庭连接。铺着瓷砖的通道继续延伸，可到达栽种着植物的方形地块，设置的照明灯或墙上开的窗户，宛如室内般的中庭。已经进入了建筑物内，却感到像是还在外面。该建筑是空间反转的尝试。

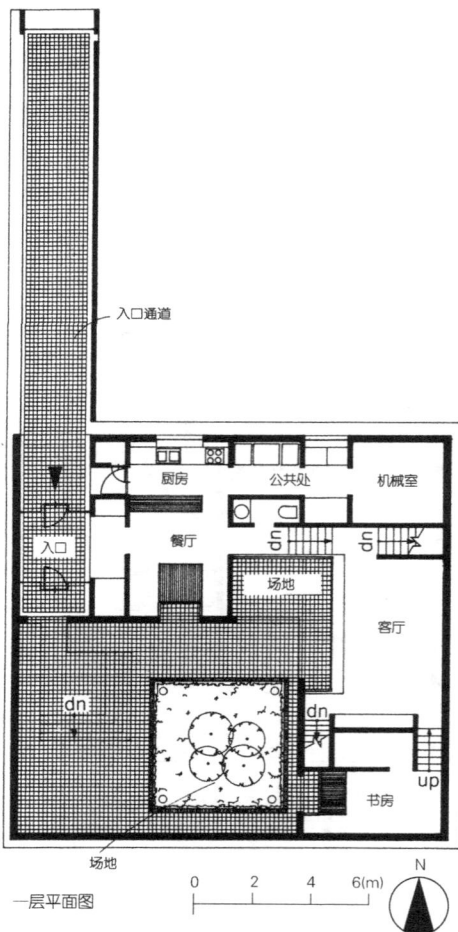

一层平面图

0　2　4　6(m)

N

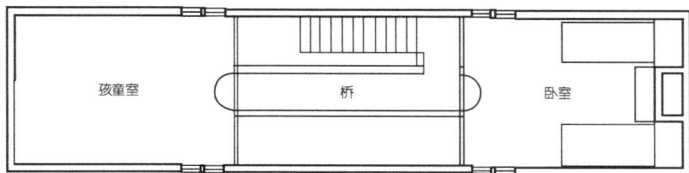

孩童室　桥　卧室

二层平面图

一层平面图

餐厅　中庭　客厅　入口

0 1 2 3 4 5(m)

住吉的长屋

大阪　1976
设计：安藤忠雄建筑研究所

　　住吉的长屋在极小的占地上，通过关闭通道形成丰富的中庭为中心的空间。中庭作为住居的延伸，风、雨、阳光可以进入，巧妙地将自然融合于居住空间之中。

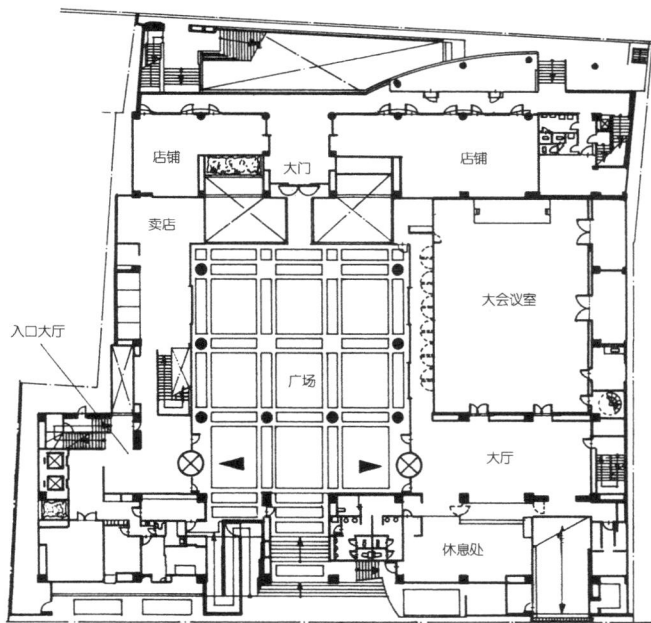

店铺　大门　店铺

卖店

入口大厅　大会议室

广场

大厅

休息处

一层平面图

0 10 20(m)

N

建筑会馆

东京　1982
设计：秋元和雄设计事务所

　　建筑会馆是日本建筑学会所在的复合设施。会场、办公楼、展室、店铺等巧妙地环围中庭。开放型会场一侧的开口部，可以与中庭合为一体，也可以用于多种用途。

场所围入

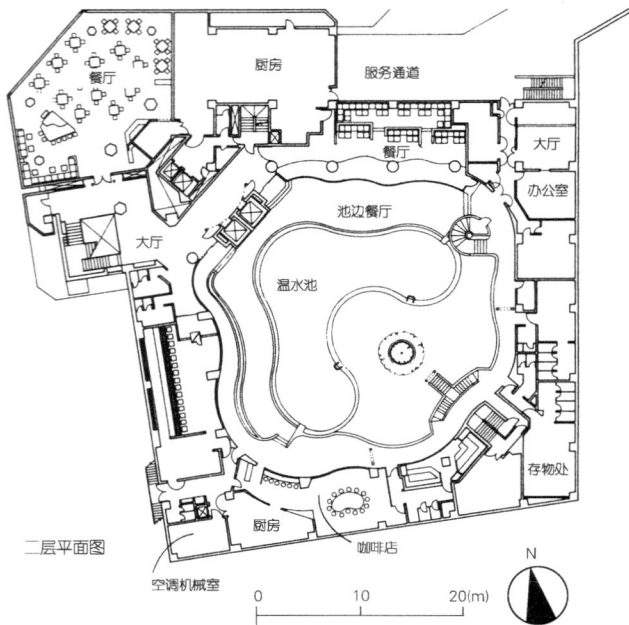

二层平面图

空调机械室

0　10　20(m)

N

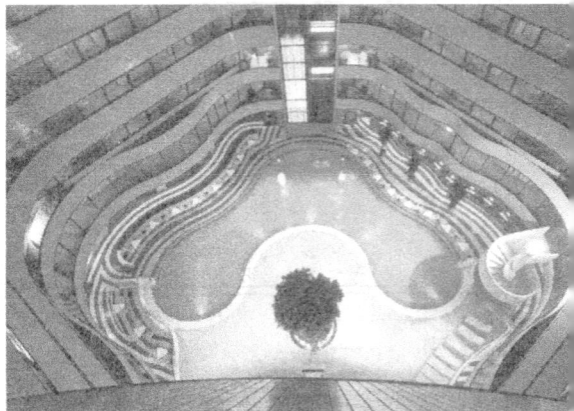

内部

六本木王子饭店
东京　1984
设计：黑川纪章建筑都市设计事务所

假如六本木王子饭店的游泳池旁边睡着一位美女，也可以从客房楼栋眺望到。这种艳美的中庭、透明的自动扶梯、绿化、螺旋阶梯等等，营造出豪华气氛，创造出了与城市度假区相适应的豪华空间。餐厅与游泳池的隔断使用钢化玻璃，从餐厅可以眺望到水池。

中庭夜景

中庭
东京　1985
设计：早川邦彦建筑研究室

强调集合住宅中形成中庭的梯阶、瓷砖的平面、标示等各种要素，与其说是为了生活的中庭，不如说是为了观望中庭。是给予日常生活中非日常空间的作品。

日本火灾海上保险轻井泽山庄
长野　1986
设计：秋元和雄设计事务所

　　山庄的服务楼、住宿楼环围中庭，风车状布置。中庭面向池塘，晴天时，可以搬出餐桌作为露天餐厅使用。

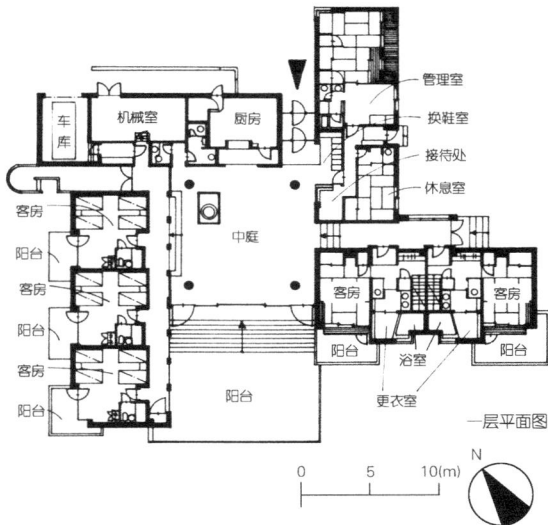

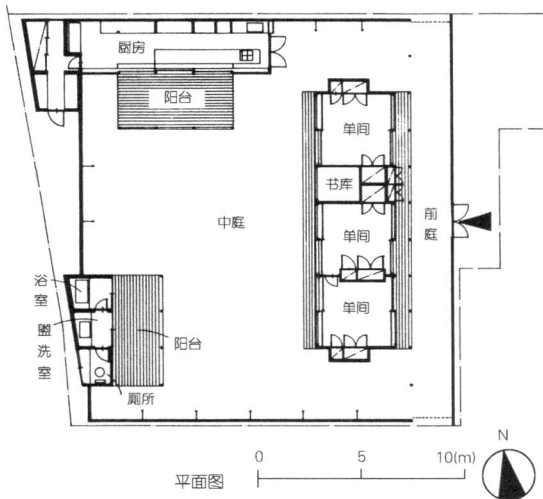

一层平面图

0　　5　　10(m)　N

冈山住宅
冈山　1992
设计：山本理显设计工厂

　　单间、厨房、浴室都围绕中庭离散状布置。各个房间前面设置平台，外部空间设计为主要的生活活动区。

平面图　0　5　10(m)　N

馆山研修设施
千叶　1993
设计：宫元健次+TCA

　　馆山研修设施作为专业学校的研修设施，食堂、前厅、研修室与中庭成为一体，设计为多种用途。

模型外观

02
自然景色
导入

如前所述，日本具有受树木恩惠的风土特点，所以柱梁结构的木结构建筑成为主流。其结果，室内与屋外具有密切关系的"缘侧"等，作为内、外紧密连接的中间领域而发展起来。

日本建筑自古就将自然积极导入室内，不论是贵族建筑样式的"寝殿结构"，还是武士建筑样式的"书院结构"，各自都与住宅形式发展出了庭院形式（见图1、图2）。

寺院也由再现来世的极乐净土发展出了净土式庭院（见图3）。在禅宗寺院，为表现无空的境界，出现了"枯山水式庭院"（见图4）。还有各自的阿弥陀佛堂和方丈专用的庭院等等。

其中有许多最初都是从固定位置进行视觉观赏的庭院。进入江户时代后，出现了称为"环游式庭园"的形式（见图5）。不仅是从"缘侧"眺望庭院，还亲自沿着院路去欣赏，更接近大自然了。

对于日本人来说，自然自古便存在于精神之中。

这一倾向不单单局限于日本，欧洲各国在现代初期，流行起住宅附带温室等的形式。气候条件不好的地区也积极将自然导入居住空间之中。这一住宅附带温室形式的流行，是现代派建筑以铁和玻璃空间作为理想的发端。

自然不仅对人的精神方面有影响，从自然物质的化学效应来考虑，假如有树，就会产生氧气，就可以调节温度、湿度，就能够保护土砂、水源、吸尘、防音、遮光、防风等等，具有广泛的功能。

以下从近代到现代的建筑如何导入自然这一点上，列举实例进行说明。

作品举例

●加歇别墅（勒·柯布西耶）

●萨伏伊别墅（勒·柯布西耶）

●大和文华馆（吉田五十八建筑研究室）

●福特基金会大楼（凯文·罗奇等）

●东京大同生命大楼（黑川纪章建筑都市设计事务所）

●TIMES 1（安藤忠雄建筑研究所）

●田崎美术馆（原广司＋筏建筑研究所）

●水的教会（安藤忠雄建筑研究所）

●关西新国际空港候机楼（伦佐·皮亚诺日本大厦工作组，日建设计）

●TH-I（朝仓则幸（GK设计））

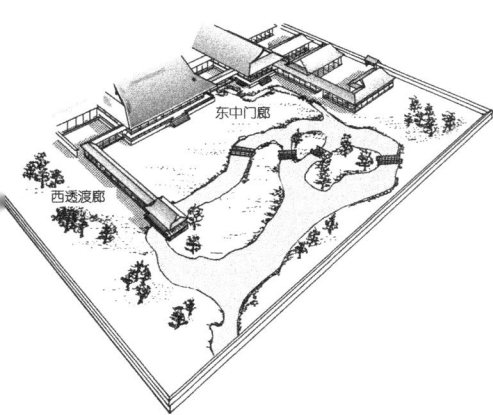

图1 "寝殿结构"庭院之例（东三条殿）
（按照太田静六复原平面图制作）

东中门廊
西透渡廊

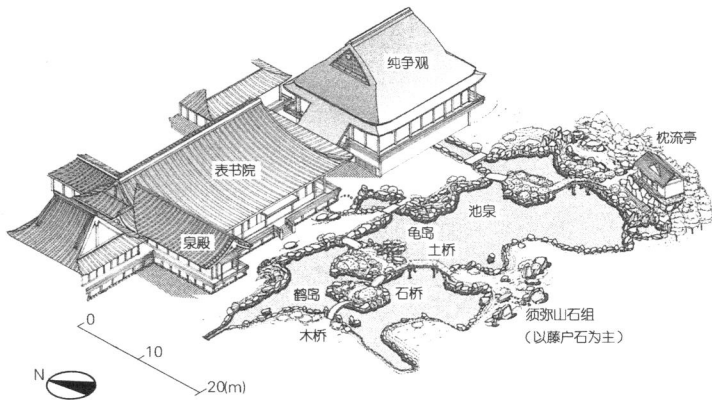

图2 "书院结构"庭院之例（醍醐寺三宝院）

纯争观
表书院
泉殿
枕流亭
池泉
龟岛
土桥
鹤岛
石桥
木桥
须弥山石组
（以藤户石为主）

0　10　20(m)
N

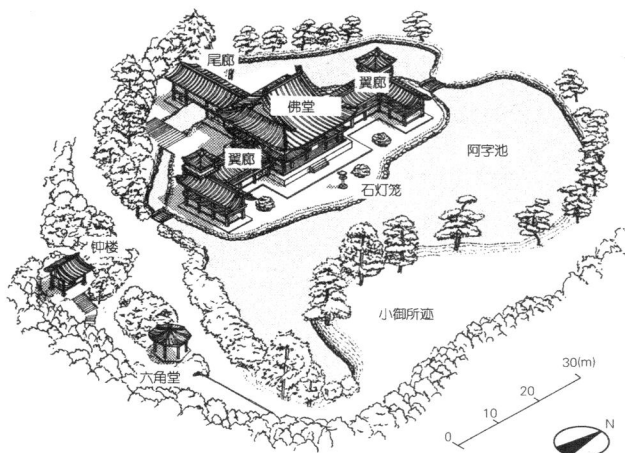

图3 净土式庭院之例（平等院）

尾廊
翼廊
佛堂
翼廊
阿字池
石灯笼
钟楼
小御所迹
六角堂

0　10　20　30(m)
N

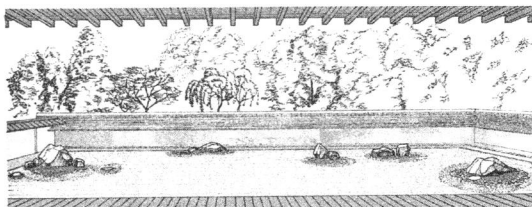

图4 枯山水式庭院(龙安寺石庭)

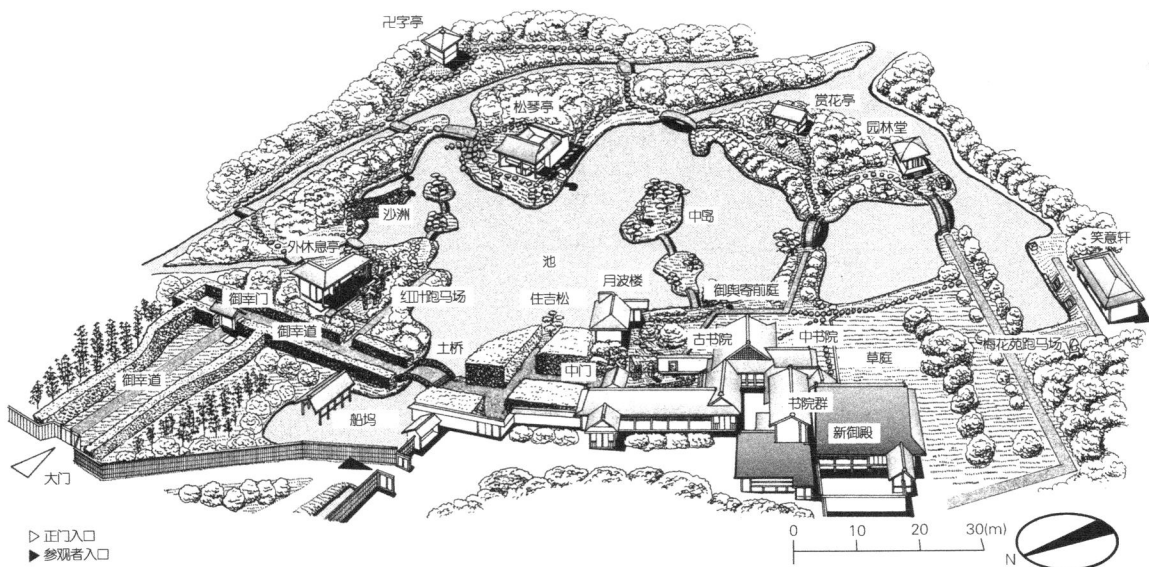

图5 环游式庭园之例（桂离宫）

卍字亭
松琴亭
赏花亭
园林堂
沙洲
中岛
笑意轩
外林恩亭
御幸门
红叶鸥马场
月波楼
住吉松
御庚寺前庭
梅花苑鸥马场
御幸道
土桥
古书院
中书院
单庭
御幸道
船坞
中门
书院群
新御殿
大门

▷ 正门入口
▶ 参观者入口

0　10　20　30(m)
N

作品
举例

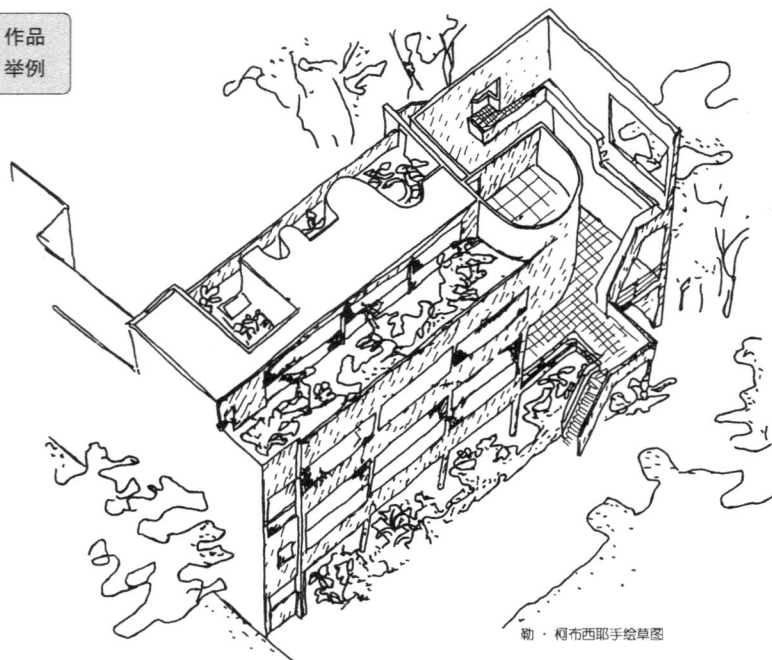

勒·柯布西耶手绘草图

加歇别墅

法国 巴黎 1927
设计：勒·柯布西耶

现代建筑的巨匠们并非仅追求功能性。看一下勒·柯布西耶的这张草图，就可以发现其提倡屋顶庭院的优雅空间。

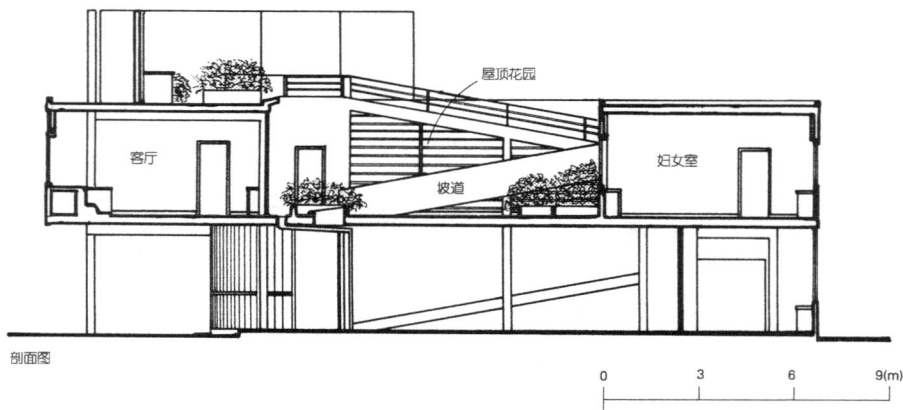

屋顶花园

客厅   妇女室

坡道

剖面图

0   3   6   9(m)

萨伏伊别墅

法国 巴黎 1931
设计：勒·柯布西耶

勒·柯布西耶提倡的屋顶庭院想法，在萨伏伊别墅得以实现。连接坡道上独特的庭院，创造出栩栩如生的居住空间。

大和文华馆
奈良 1960
设计：吉田五十八建筑研究室

美术馆的展厅中央设置中庭，回游式的平面。观赏作品疲倦时，观望一下中庭，清凉的竹叶透过阳光。比例尺寸恰到好处。

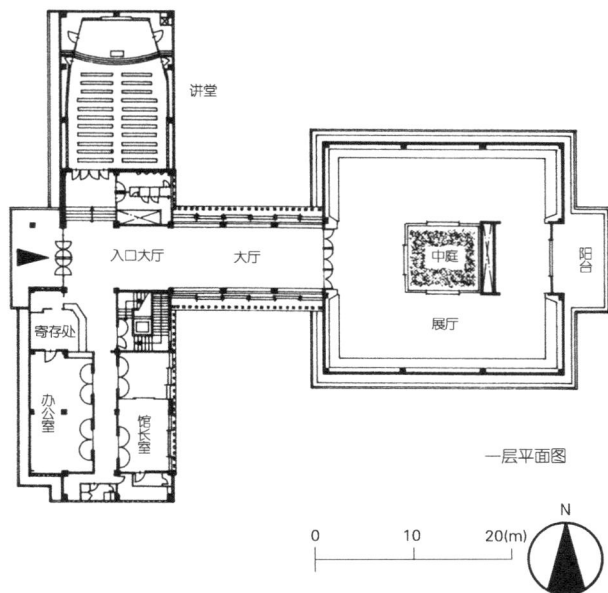

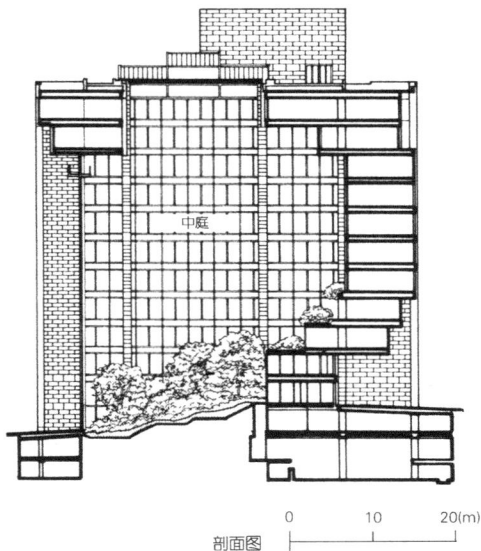

一层平面图

0　10　20(m)

N

剖面图

0　10　20(m)

福特基金会大楼
美国纽约 1968
设计：凯文·罗奇等

办公楼大厅绿化成森林，看惯了日本的自然风景形式，会强烈感受到欧美特有的人工几何式绿化手法的印象。

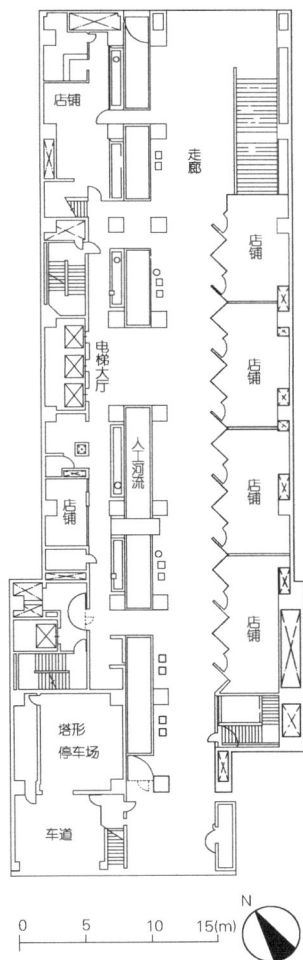

0　5　10　15(m)

N

东京大同生命大楼
东京 1978
设计：黑川纪章建筑都市设计事务所

大楼内部导入人工河流，河边进行栽植。河上部有天窗采光，还架有桥梁等，增强气氛的表现。

内部

自然景色导入

外观

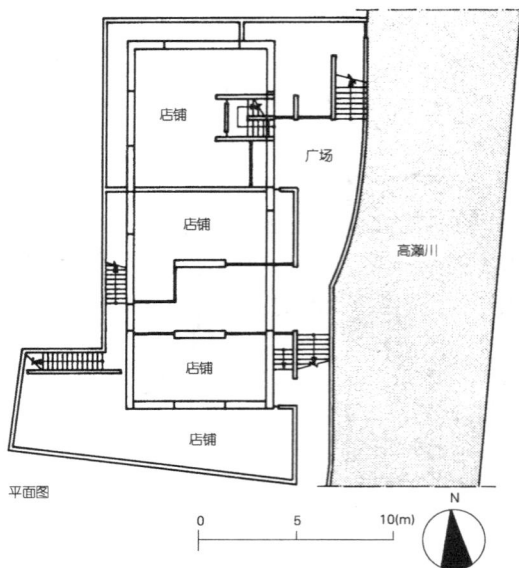
平面图

0 5 10(m)
N

TIMES 1

京都　1984
设计：安藤忠雄建筑研究所

　　沿着京都的高濑川建造的复合型商业设施，地板地垂直接近到水面，创造出与水融合的室外空间。该作品因为对环境有贡献，受到芬兰赠授的阿尔瓦·阿尔托奖。

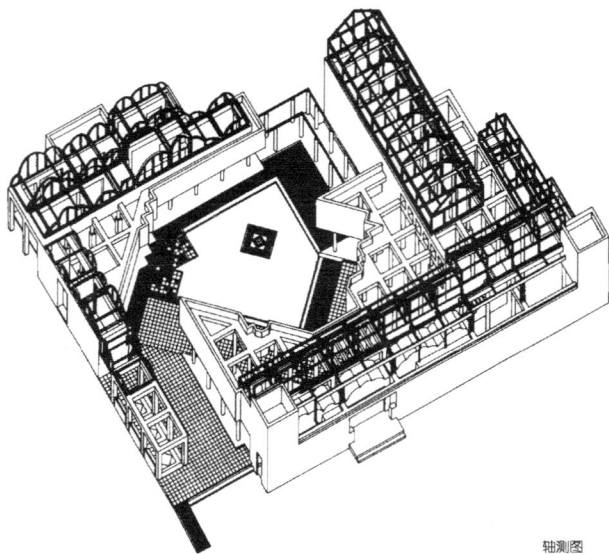
轴测图

田崎美术馆

长野　1986
设计：原广司＋筏建筑研究所

　　田崎美术馆的内外境界对中庭形成不规则的模糊形态，外部空间巧妙地进入到内部。建筑物中引用云、山、森林的形态，使建筑物成功地融合于环境之中。

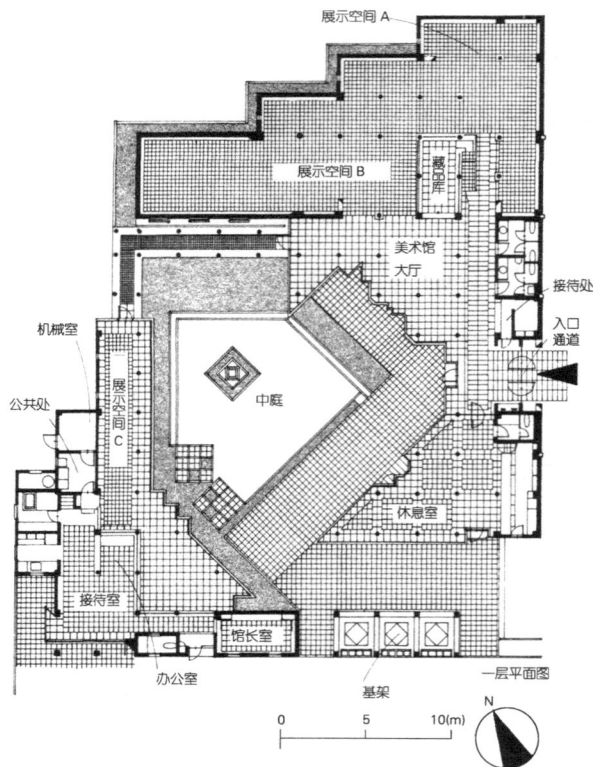
一层平面图

0 5 10(m)
N

水的教会

北海道 1988
设计：安藤忠雄建筑研究所

　　教会正面镶嵌着玻璃，前面建造有人工池塘，在那里竖立起十字架。观望以大自然为背景的十字架，会令人思考信仰与自然的关系。

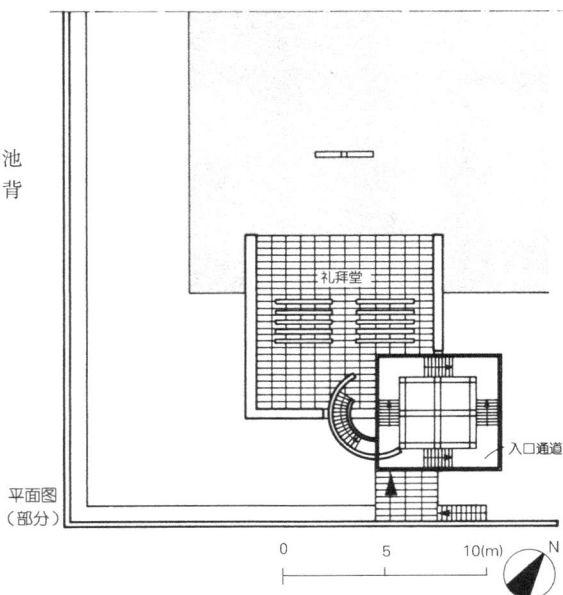

平面图
（部分）

礼拜堂

入口通道

0　　　　5　　　　10(m)　　N

内部

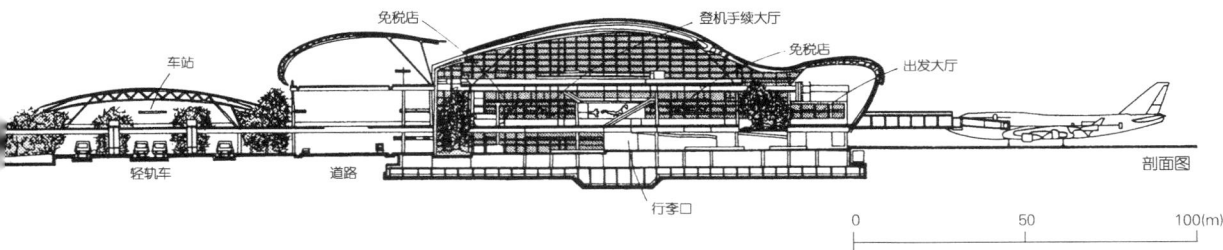

免税店　　登机手续大厅　　免税店　　出发大厅

车站

轻轨车　　道路

行李口

剖面图

0　　　　　50　　　　　100(m)

关西新国际空港候机楼

比赛方案 1988
设计：伦佐·皮亚诺日本大厦工作组，日建设计

　　关西新国际空港候机楼建造于海上的人工岛。考虑海风的影响，建筑物设计成与飞机翅膀相似的造型。镶嵌着玻璃的建筑物在各处建造了光的庭院，并加以绿化，创造出了高技术与环境共存的空间。

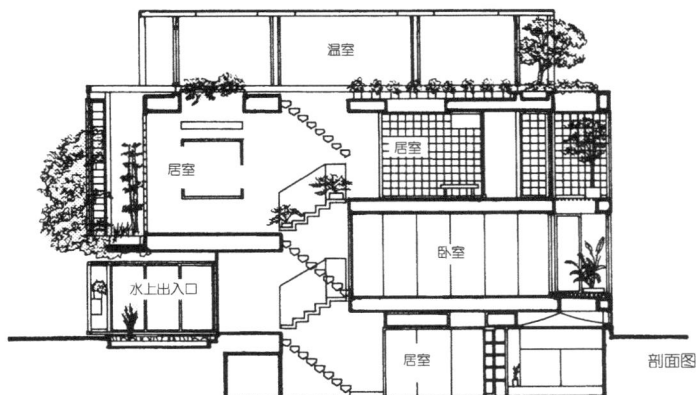

温室

居室

居室

卧室

水上出入口

居室

剖面图

0　　2　　4　　6(m)

自然景色导入

TH-I

东京 1993
设计：朝仓则幸（GK设计）

　　城市型住宅难以设置庭院，但该作品利用屋顶上部空间建造了温室。除了温室之外，还在各处施以栽植。

03
街道导入

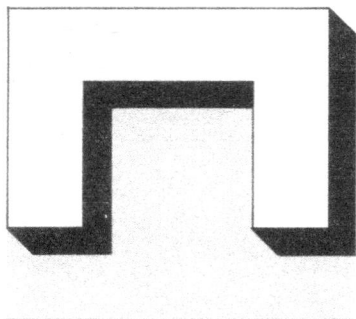

欧美的广场及日本的街路空间都充满着活力、快乐，或是闹哄哄、乱糟糟。这是个人感受的问题。

城市的建筑物脚下，立刻就是向街道开放的公共空间。把这一公共空间的活力和生气直接导入店铺内部的设计方法，现在已经非常普遍（见图1）。

现在，我们观察一下公共空间，人们在此或停留，或漫步，哪里都见不到比街路更热闹的例子。若公共空间单是作为通路，其空闲寂寞的状态一目了然。使我们真正感到了将街路导入建筑的困难程度。并非只是建造了广场或街路，人们就会聚集而来。对此必须积极、正确地思索和尝试。

看一下成功导入街路的事例，有多种多样的具体方法。但其共同之点一定是施以某种有意义的方式。例如，建筑物的内部类似于街道。广告牌、照明灯、栽植或座椅等，以及室外家具的设置、石座椅，以及铺有瓷砖等的道路路面、不规则的平面形状、人们在街道动线上有通过可能的空间等等。有时，池塘、河川、台阶、茶桌的设置等等也起着作用。导入公共空间有着多种多样的形式设计和安排（见图2）。

原广司曾说：这些设置称为"吸引魅力"。其作为空间符号存在，可以使城市增添活力，有必要遍洒这些符号，使空间更活跃。也就是说，为成功导入街道，必须设置与复杂的城市密度同样水平的造型。

以下介绍成功导入街道的作品实例。

作品举例
- 纪伊国屋书店（前川国男建筑设计事务所）
- 福冈银行总部大楼（黑川纪章建筑都市设计事务所）
- 富卢木法斯特大楼（山下和正建筑研究所）
- 埼玉县立近代美术馆（黑川纪章建筑都市设计事务所）
- 新宿NS大楼（日建设计）
- 有乐町玛里奥商品中心（竹中工务店）
- 洛杉矶现代美术馆（矶崎新工作室）
- 埼玉集合住宅（宫元健次＋宫元建筑研究所）
- SPIRAL（桢综合规划事务所）

图1 街道导入之例（京都车站中央出入口）

图2 街道导入之例（博多市卡纳路城）

街道导入

作品
举例

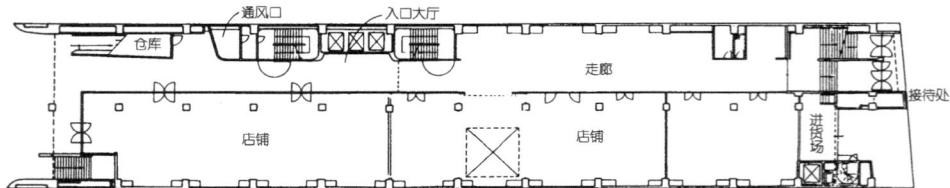

一层平面图

通风口　　　　入口大厅

仓库

走廊

店铺　　　　　　店铺

接待处

进货场

0　　　10　　　20(m)　　N

纪伊国屋书店

东京 1964
设计：前川国男建筑设计事务所

　　纪伊国屋书店是日本最早的可通行的建筑。从今天的观点来看，并非是为了好看，而是为任何时候都可对应来客的喧嚣。
　　比例尺寸的大小和形态是公共空间成功的关键。

外观

福冈银行总部大楼

福冈　1975
设计：黑川纪章建筑都市设计事务所

　　福冈银行总部大楼大开的竖井空间引诱着人们进入，防风室以及设置植栽的阶梯和座椅等道路家具发挥着作用，创造出了广场般的公共空间。

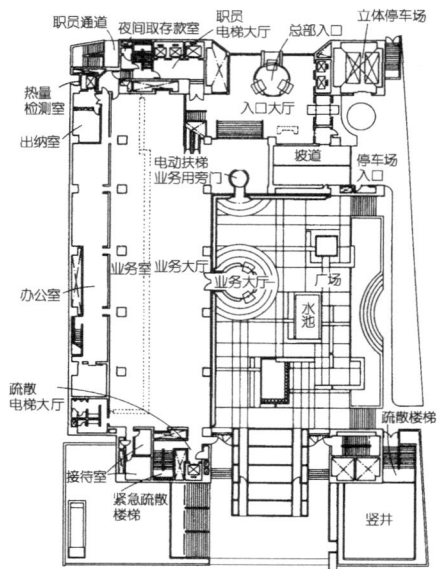

职员通道　夜间取存款室　职员　总部入口　立体停车场
　　　　　　　　　　　　电梯大厅

热量
检测室

出纳室

入口大厅

电动扶梯
业务用旁门　坡道　停车场
　　　　　　　　　　入口

办公室

业务室 业务大厅　业务大厅
　　　　　　　　　　广场
　　　　　　　　　水池

疏散
电梯大厅

疏散楼梯

接待室

紧急疏散
楼梯

竖井

一层平面图

0　　　10　　　20(m)　　N

外观

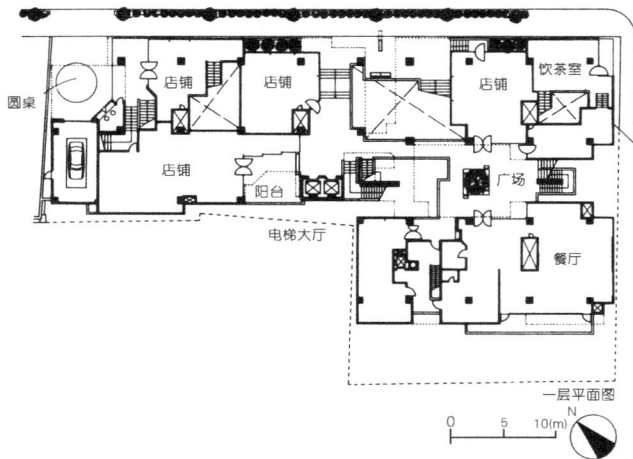

一层平面图

0　5　10(m)

N

中庭

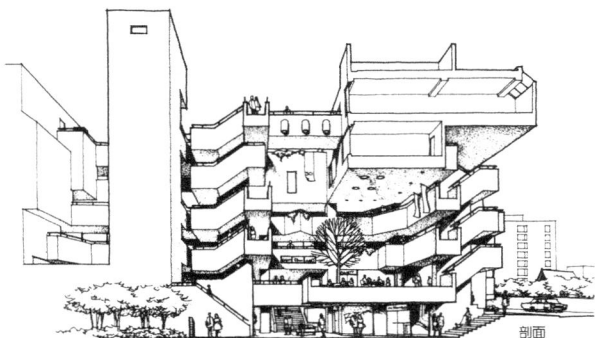

剖面

富卢木法斯特大楼

东京　1975
设计：山下和正建筑研究所

富卢木法斯特大楼有着容易使人迷路的平面和凹凸的竖井、高出半层的台阶、桥、树木的栽植、座椅等。作为街道公共空间的延伸，人们不知不觉之中已进入到建筑物之中。

内部

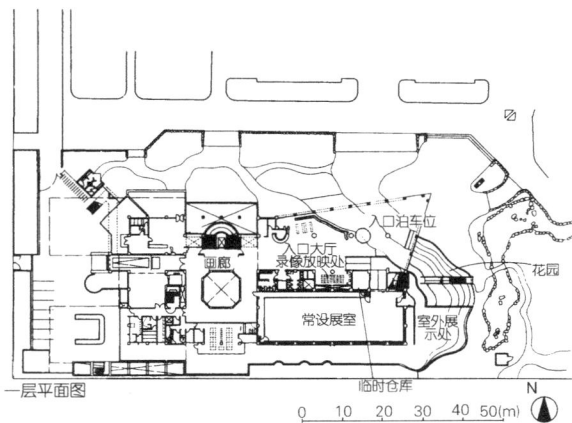

一层平面图

0　10　20　30　40　50(m)

N

街道导入

埼玉县立近代美术馆

埼玉　1982
设计：黑川纪章建筑都市设计事务所

埼玉县立近代美术馆设置了入口的外部与内部的中间领域。成功地引导人们由外部公共空间自然地进入到美术馆。

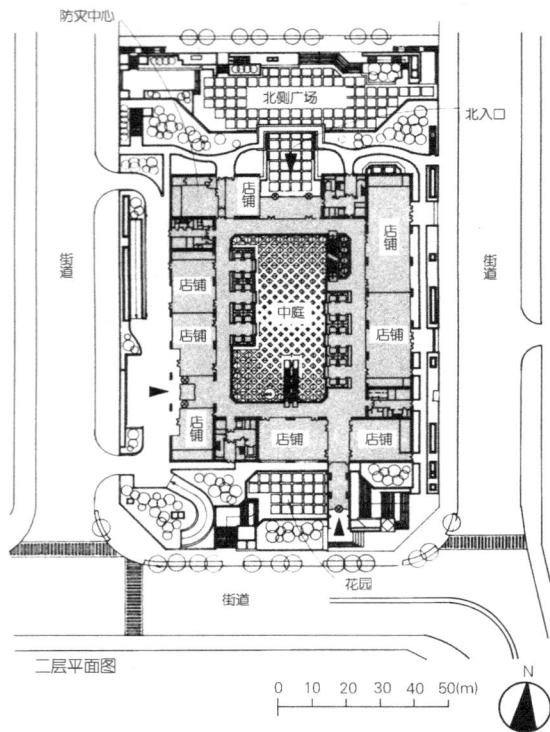

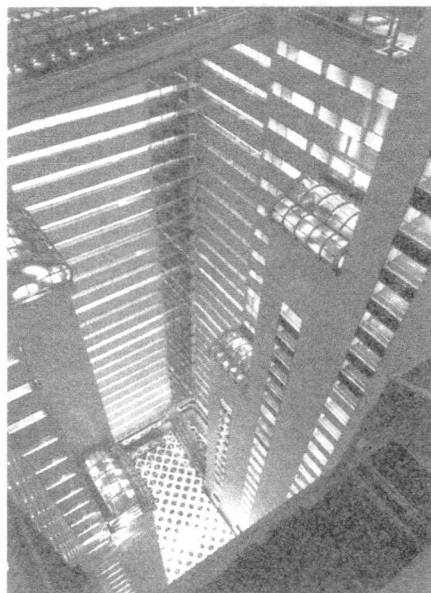

二层平面图

0 10 20 30 40 50(m)

N

内部

新宿NS大楼
东京　1982
设计：日建设计

　　新宿NS办公大楼的正厅作为城市空间来表现。超高层大楼容易显得单调，但新宿NS大楼中，成功地创造出了丰富多彩的公共空间。

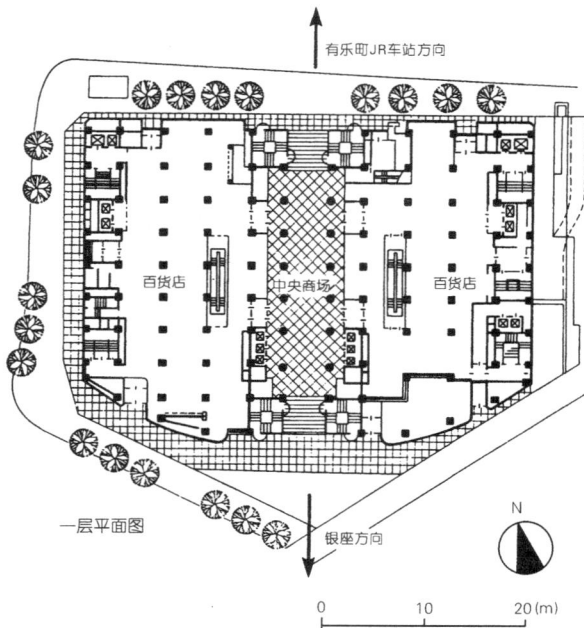

有乐町JR车站方向

一层平面图

银座方向

0 10 20(m)

N

有乐町玛里奥商品中心
东京　1984
设计：竹中工务店

　　有乐町玛里奥商品中心位于日本国铁车站有乐町与银座之间，中央的商场作为主要动线通过，在这一商品中心中，设有百货店，以及电影院的入口，这成为吸引人们进入的动力。

洛杉矶现代美术馆

美国洛杉矶　1985
设计：矶崎新工作室

美术馆的中庭及屋外雕刻广场对市民开放。美术并非一部分专家的所有，也是一般民众的所有。

外观

埼玉集合住宅

埼玉 1984
设计：宫元健次 + 宫元建筑研究所

埼玉集合住宅是收纳120户的集合住宅，该集合住宅把周围地区全部纳入。设计为S形，在2个中庭中设置了市民大厅和体育健身中心。

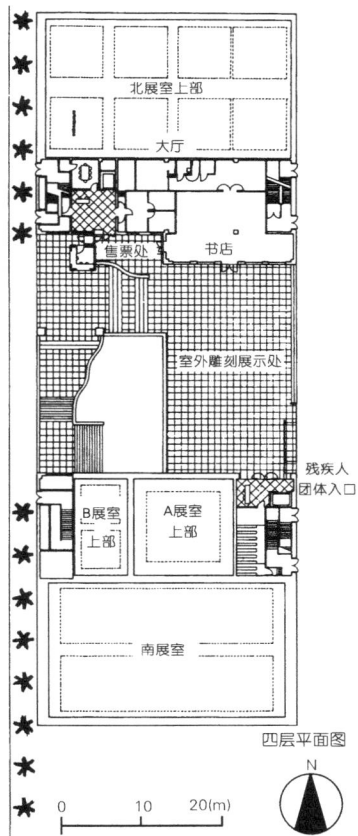

四层平面图

0　　10　　20(m)

SPIRAL

东京　1985
设计：桢综合规划事务所

从该建筑的入口通道穿过画廊，然后坡道向上部圆弧形延伸，人们作为街道的延伸而进入建筑物的内部。

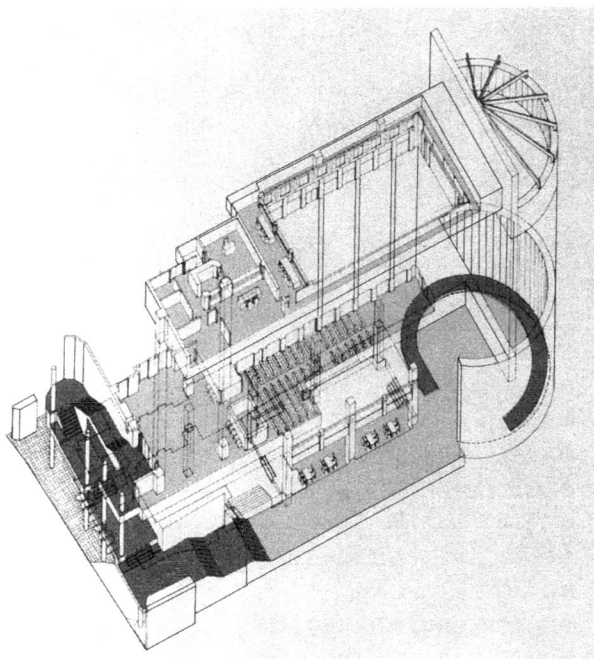
轴测图

街道导入

04
拒绝

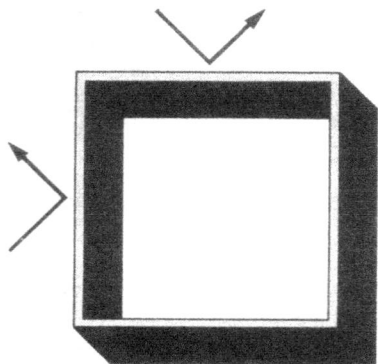

所谓"中庭的围入",是从外部守护内侧空间。换言之,是以背部向外,加以拒绝。

如果街道上的所有建筑物都对街路加以"拒绝",那就成为单纯的通路,会寂寞而枯燥。

在未开发的大自然中,建筑的使命就是从内部时时刻刻守护着人们。防卫野生动物,或者是防卫入侵者的袭击,以及防卫变化着的天气。

建筑的本来目的,就是确保内部空间与外部的分隔。现在,城市空间中,环境恶化持续不断。为保护私密,有时不得不使用"拒绝"的手段。换言之,城市环境恶化,使人们再次回到野生条件,建筑原来的使命被重新唤醒。

如前所述,建筑的外观,具有公共的一面,应该称之为"社会艺术"。由这些建筑物积聚而成的城市景观具有形态。当然,人们希望建筑作为社会的一贯形态加入到城市中去。

在此,虽然将"中庭的围入"总括为"拒绝"。但"拒绝"的表现手段也是多种多样的,不应对街道简单地以墙壁相对,还应考虑到城市的景观,给"拒绝"以形态变化。如墙壁的小开口部等等,或是像第3章所示,尝试与街道和环境自然协调。对此,尚有很大的思索余地(见图1)。

"围入"的行为中,应该说必须有"拒绝"的手法。在此,列举与城市空间的融合较为出色的设计例子进行解说。

作品举例
- 伊势神宫(传统建筑)
- 姬路城(传统建筑)
- 绿箱1号(宫胁檀建筑研究室)
- 最高法院(冈田新一设计事务所)
- 中野本町的家(伊东丰雄建筑设计事务所)
- 住吉的长屋(安藤忠雄建筑研究所)
- D-HOTEL 大阪(竹山圣,阿末路富)
- 中山家(村上彻建筑设计事务所)
- HOTEL P(伊东丰雄建筑设计事务所)

图1 与街道协调的"拒绝"实例（长崎荷兰坂仓库）

拒

绝

作品
举例

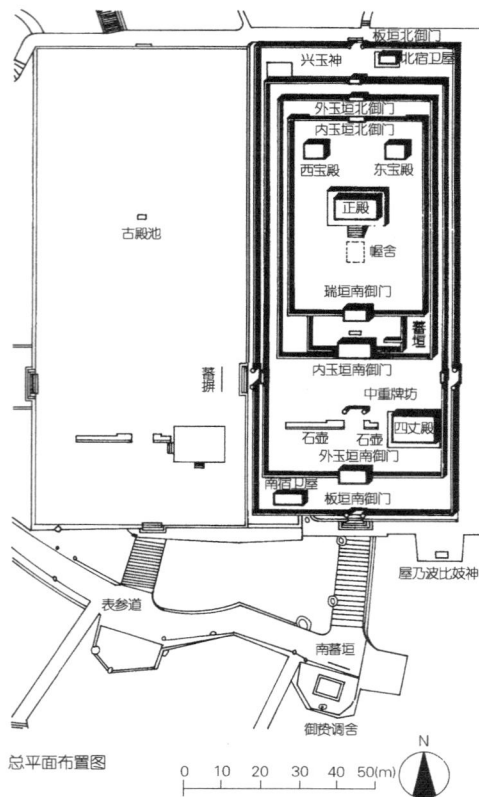
总平面布置图
0 10 20 30 40 50(m)
N

伊势神宫
三重 奈良时代（20年修缮一次）
传统建筑

　　伊势神宫是祭祀天皇祖先的最古老神社形式之一。伊势神宫有着"板垣"、"外玉垣"、"内玉垣"、"瑞垣"等4重围墙，以此来拒绝外界。伊势神宫的正殿呈防范污秽的结构。围墙上栽植着散发着浓郁气息的桧树，但决无有对外威压的感觉。

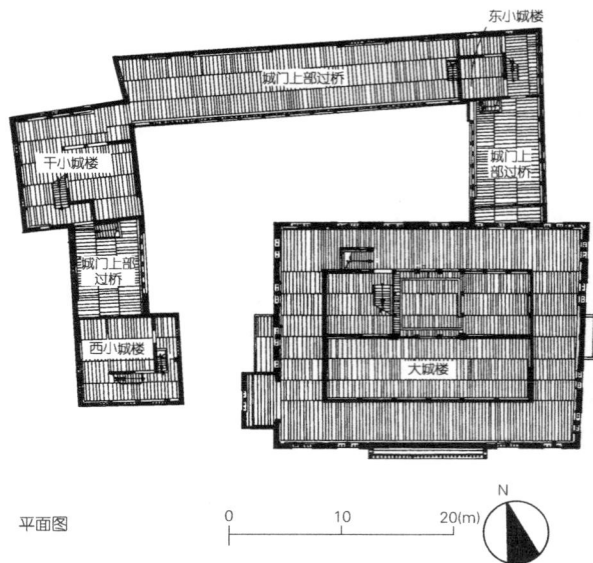
平面图
0 10 20(m)
N

姬路城
兵库 1609
传统建筑

　　姬路城为城郭建筑，为防止外部的攻击，一般采取护城河环围的"拒绝"形态。在姬路城中，为守卫本城，设置了称为"天守"的城堡。这也是一种"拒绝"的形态。支撑着"天守"城堡的石墙描绘出优雅的曲面，在"拒绝"的同时显现出美丽的姿态。

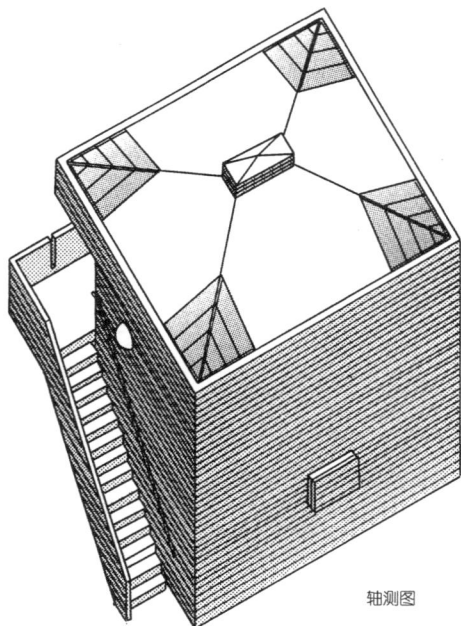
轴测图

绿箱1号
东京 1972
设计：宫胁檀建筑研究室

　　该建筑在恶劣的地形条件下，最大可能地限制壁面的开口部，采光主要依靠4个天窗。

最高法院

东京　1974
设计：冈田新一设计事务所

　　最高法院建筑以大法庭楼、小法庭楼、图书馆楼、法官楼、司法行政楼等为动线，由包括设备在内的空间墙连接，表现为坚决把守日本宪法的据点般的气势。墙壁不仅仅是简单的结构体，也刻意表现出精神。

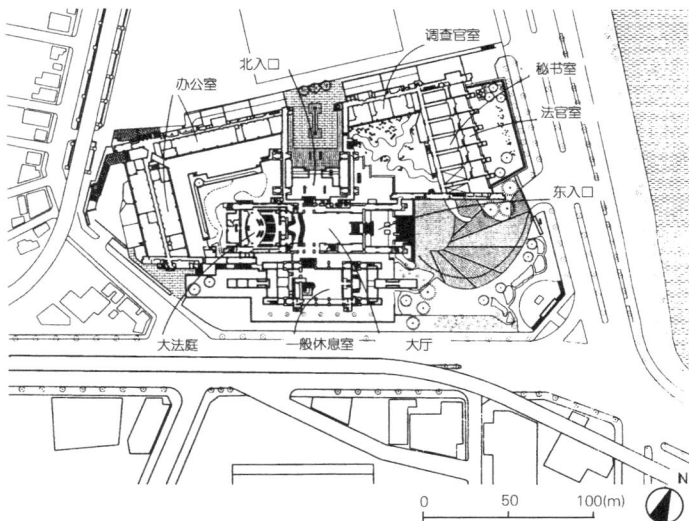

一层平面图

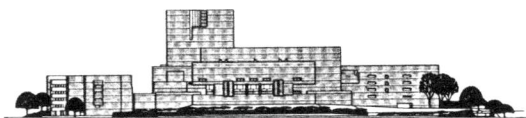

立面图

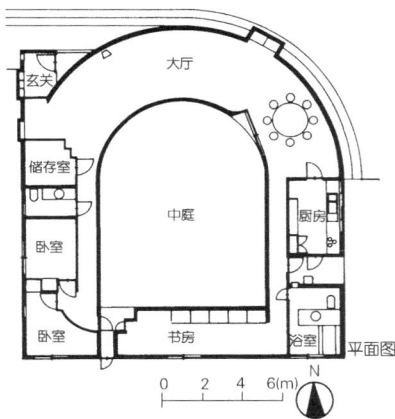

平面图

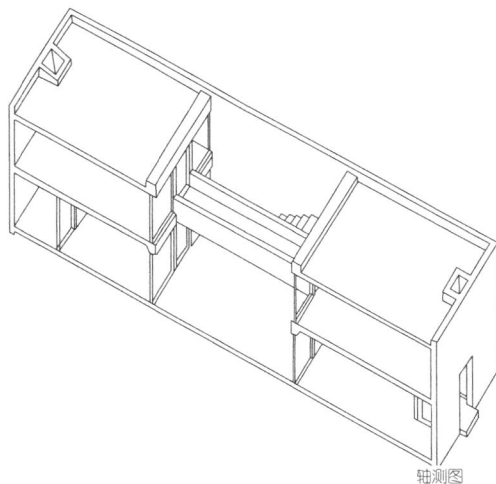

外观

轴测图

住吉的长屋

大阪　1976
设计：安藤忠雄建筑研究所

　　住吉的长屋是3间开口的长屋，其一角，竖立着浇筑的混凝土墙壁作为正面。在这里只设置一个入口，但是，跨进入口一步，便可以看到入口里面的室外空间的高雅竖井。使人感受到通道设计的新鲜与巧妙。

中野本町的家

东京　1976
设计：伊东丰雄建筑设计事务所

　　通常设计中庭的时候，多将其设在内部。但这一作品，为营造弯曲的内部空间，把中庭设在外部，取拒绝的姿态。

拒

绝

外观

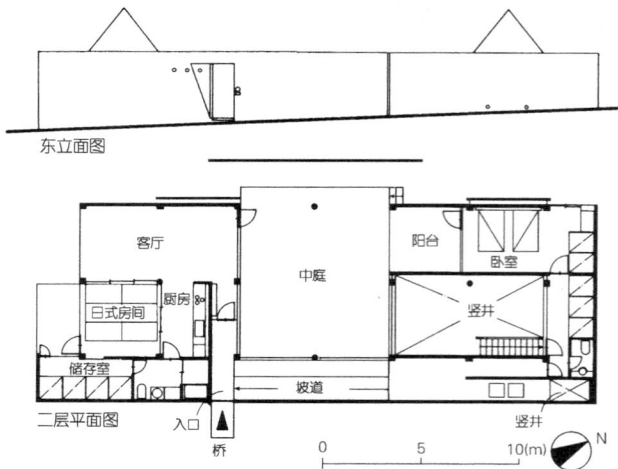
东立面图

二层平面图　入口　桥　竖井

0　　5　　10(m)　N

D-HOTEL 大阪

大阪　1989
设计：竹山圣，阿末路富

　　该建筑弯曲的混凝土浇筑墙壁矗立着，看上去像是"拒绝"的姿态。但那弯曲的混凝土浇筑墙壁矗立上设置了锐刀切开般的间隙，显现出其内部的金属阶梯，以此消除了单调感，成功地给予了人们以紧凑感。

中山家

广岛　1989
设计：村上彻建筑设计事务所

　　该建筑尽可能地以中庭的墙壁面对着街路，中庭中聚集着住居的开口部。

HOTEL P

北海道　1992
设计：伊东丰雄建筑设计事务所

　　HOTEL P作为宾馆，其功能上要保护住客的私密，多是必须采取"拒绝"的姿态。如何减少或补偿"拒绝"的苦重感觉，是宾馆设计的课题。该作品则在椭圆形的公共空间的内部，设置了池塘和小桥，成为令人感到轻松愉悦的空间。

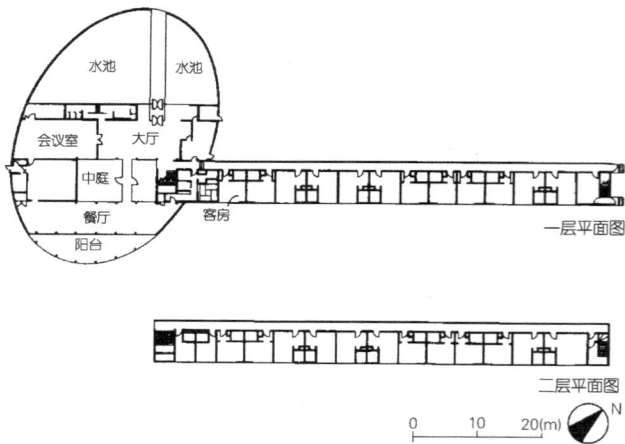
一层平面图

二层平面图

0　　10　　20(m)　N

后记

设计原本是具有纤细感觉的创造行为，是难以单凭知识传授的。在教学实践的现场，我面对苦恼的学生，疑惑地感觉：真能教会他们设计的知识吗？为此而编写了此书。

看一下学生们设计的建筑作品，那几乎都是著名建筑设计的拼合，或者只是著名建筑设计原封不动的抄袭，这使得我心情变得极为复杂起来。

更糟糕的是先不说有无本人的独创特色，大多就是连有名建筑的理念、用语的真髓也尚不理解，这就是现状。

还有更为严重的是在街面上充斥着的建筑，大多数几乎从一开始就没有什么设计的意识。

所以，将著名建筑的设计用语真髓理解之后，再加以引用，那就会理解什么是设计。在一些有名的建筑家之中，也常可以见到滥用现代建筑巨匠的设计用语的例子，所以其受到人们的斥责。

换言之，在设计教育的初期，首先要理解前人优秀的理念，以及项目的组织方法，或是把设计用语作为知识理解。这是先决的条件。

因此，重新汇集古今东西的优秀建筑设计实例，并摸索着应当如何分类，结果最终分成了4个部分，看上去像是没有连贯性，但发现这4个部分可以网罗建筑设计的全部。

从本书中获得建筑设计初步知识的各位，决不可以误认为这就对建筑设计有了理解。设计是无数次反复的创造行为，只有由自己创造出的新设计才应是最终目标。

对本书出版给予帮助的学艺出版社的京极迪宏、吉田隆、编辑越智和子，还有从事大量插图作业、制版的小保方贵之、鹤田真理子，以及帮助制图的龙谷大学国际文化系松谷和博、渡边大介，还有答应在本书刊载建筑作品的建筑师等各位表示衷心的感谢！

宫元健次
1998年10月

图片出处·参考文献

■ 協力・図版出典・写真提供

- 丹下健三・都市・建築設計研究所
- 篠原一男アトリエ
- (株)磯崎新アトリエ
- (株)葉デザイン事務所　p.15 中　もう一つのガラスの家（夜景外観）
- (株)環境デザイン研究所
- SKM設計計画事務所
- (株)日建設計　p.91 中　東京ドーム（内観）/ p.124 上右　新宿NSビル（内観）
- (株)竹中工務店総本店広報部　p.19 下右　千駄ケ谷インテス（外観）
- 村野・森建築事務所
- 谷口建築設計研究所株式会社
- 安藤忠雄建築研究所
- 原広司＋アトリエ・ファイ建築研究所　p.62 中右　原自邸（内観）
- (株)U研究室
- (株)木曽三岳奥村設計所
- 象設計集団　p.31 下左　名護市庁舎（内観）/ p.81 中左　今帰仁村中央公民館（外観）
- (株)デザイン・システム
- (有)宮脇檀建築研究室
- (株)伊東豊雄建築設計事務所　p.39 上右　笠間の家（外観）/ p.89 下　シルバーハット（外観）/ p.129 下左　中野本町の家（外観）
- ワークステーション　p.45 中　高知県立坂本龍馬記念館（西面外観）
- 栗生明＋(株)栗生総合計画事務所　p.51 中上　カーニバルショーケース（内観），中下　同（内観）
- (株)井上武吉アトリエ
- 池田二十世紀美術館
- 黒川紀章建築都市設計事務所　p.57 下左　パシフィックタワー（外観）
- 長谷川逸子・建築計画工房株式会社　p.63 下中　大島町絵本館＋ふれあいパーク（外観）/ p.68 上　藤沢市湘南台文化センター（外観）
- 高松伸建築設計事務所株式会社
- 東京工業大学坂本一成研究室
- (株)槇総合計画事務所　p.125 SPIRAL（アクソメ図）
- (有)セルスペース一級建築士事務所
- (有)鬼頭梓建築設計事務所
- 長野市役所オリンピック課
- (株)久米設計　p.85 上右　エムウェーブ（外観全景）
- 鹿島建設株式会社
- 坂茂建築設計株式会社
- (株)菊竹清訓建築設計事務所
- (株)山本理顕設計工場
- 妹島和世建築設計事務所　p.92 下　再春館製薬女子寮（内観）
- 竹山実建築綜合研究所　p.97 下右　ホテル・ビバリートム（外観）
- (株)六角鬼丈計画工房　p.98 上　雑創の森学園（外観）
- (株)毛綱毅曠建築事務所　p.99 上右　釧路湿原博物館（内観）
- (株)高崎正治都市建築設計事務所
- 渡辺誠／アーキテクツ オフィス　p.101 中左　青山製図専門学校1号館（外観）
- 川崎清＋環境・建築研究所
- 秋元和雄設計事務所株式会社
- 早川邦彦建築研究室
- 朝倉幸子
- 前川建築設計事務所
- 山下和正建築研究所株式会社　p.123 上右　フロムファーストビル（中庭）
- 岡田新一設計事務所
- 設計組織アモルフ株式会社　p.130 上左　D-HOTEL OSAKA（外観）
- 村上徹建築設計事務所

（以上掲載順，敬称略．細字は提供写真）

■ 写真撮影・提供・出典

- 新建築写真部　p.6 図1 / p.15 上　熊本北警察署（夜景外観）/ p.18 中左　ポンピドーセンター（外観）/ p.18 中右　中央銀行（内観）/ p.19 上右　KP#3（外観）/ p.56 上右　糸島の住宅（外観）/ p.76 上左　盈進学園東野高等学校（外観）/ p.82 上　六甲の集合住宅I・II（外観），下　谷村美術館（外観）/ p.88 下　サヴォア邸（外観）/ p.91 上　プラットフォームI（内観），下　ハウスF（夜景外観）/ p.97 中左　国会議事堂（外観）/ p.112 下左　アトリウム（中庭夜景）
- 村井 修　p.12 中左　代々木国立屋内総合競技場（内観）/ p.13 上右　白の家（内観）/ p.38 下　有賀邸（外観）/ p.50 下左　福井相互銀行成和支店（外観）/ p.74 下左　秋田相互銀行角館支店（外観）
- 藤塚光政　p.19 上左　浜松科学館（外観）
- 大倉舜二　p.23 上右　グッゲンハイム美術館（内観）
- 古谷誠章　p.55 上右　ルガーノ湖を望む家（外観）
- 妙法院門跡　p.66 中左　蓮華王院本堂(三十三間堂)（外観），中右　同（千体千手観音像）
- 龍安寺　p.66 下左　龍安寺石庭（石庭全景）
- 樋口清　p.74 中左　ラウタ・タロ（外観）
- 北嶋俊治　p.76 下右　SPIRAL（外観）
- 宮内庁京都事務所／財団法人伝統文化保存協会　p.80 上左　桂離宮笹垣（笹垣全景）/ p.88 中　桂離宮書院群（外観）/ p.103 図2
- 川澄明男　p.89 中　スカイハウス（外観）
- 大橋富夫　p.92 中　八千代博物館（外観）/ p.112 上右　六本木プリンスホテル（内観）/ p.117 下右　東京大同生命ビル（内観）/ p.122 下右　福岡銀行本店（外観）/ p.123 下左　埼玉県立近代美術館（内観）/ p.130 中右　HOTEL P（夜景外観）
- 白鳥美雄　p.100 中右　光の教会（内観）
- 渡辺誠　p.122 中左　紀伊国屋書店（外観）
- 新建築 1991.6. 臨時増刊「建築20世紀　PART2」　p.11 上　ガラスの家（外観）/ p.63 上右　オハイオ州立大学ウェクスナー視覚芸術センター（俯瞰）
- 新建築 1978.11. 臨時増刊「日本の現代建築」　p.12 下右　東京カテドラル聖マリア大聖堂
- 新建築 1977.12. 臨時増刊「現代世界建築の潮流」　p.13 中左　ジョン・ハンコック・センター（外観）
- 『MEN'S CLUB BOOKS—15 WRIST WATCH—腕時計一』婦人画報社（1987年）　p.17 図2
- 「CAR GRAFIC」1988年9月号（二玄社）　p.17 図3
- 都市住宅保存版 1984.5.20「建築家の自邸——海外編」鹿島出版会（撮影：Bent Raj）　p.18 上右　マイヤーズ自邸（内観）
- 古川晴男監修『小学館の学習百科図鑑②　昆虫の図鑑』小学館（1971年）　p.70 図1，図2，図3
- 宮元健次＋宮元建築研究所　p.9 図1 / p.10 上左　伊勢神宮（外観）/ p.12 中左　代々木国立屋内総合競技場（外観）/ p.12 下左　東京カテドラル聖マリア大聖堂（外観）/ p.17 図1 / p.19 下左　関西新国際空港ターミナルビル（内観）/ p.

21 図1 / p.22 中左 西本願寺能舞台橋掛り（外観）/ p.27 上左 MAX（模型断面）, 上 同（内観パース）, 下左 京都駅ビル（内観）/ p.29 図1 / p.32 図3 / p.36 上右 鹿苑寺金閣（外観）/ p.41 図2 / p.44 下左 微風のスペース（外観）/ p.45 上右 スカラ・レジア（外観）/ p.47 図1, 図3 / p.51 上左 都市へ還る, 下左 小金井の家（内観）/ p.53 図1 / p.56 下左 東京工業大学百年記念館（南側外観）/ p.59 図1, 図4 / p.61 下右 静岡新聞・静岡放送ビル（外観）/ p.62 上左 中銀カプセルタワービル（外観）/ P.63 龍谷大学プロジェクト（アクソメ図）/ p.65 図3 / p.69 下右 龍谷大学プロジェクト（アクソメ図）/ p.73 図2, 図3 / p.74 上左 京都の街並み（外観）/ p.76 中右 風の塔（外観）/ p.79 図1, 図2 / p.83 中右 ヤマトインターナショナル（外観）, 下左 インターコンチネンタルホテル（外観）/ p.84 上 アクロス福岡（外観）, 中 京都駅ビル（外観）, 下 同（外観）/ p.87 図2 / p.92 上 歌舞伎町をおおう一枚の衣（ドローイング）, 同（模型写真）/ p.93 中左 新梅田シティ（外観）, 中右 ハウスM（模型外観）, 下左 フジテレビ本社ビル（外観）/ p.96 上左 日光東照宮陽明門（外観）/ p.97 上右 東京駅丸の内口（外観）/ p.100 下左 KIRIN PLAZA（夜景外観）/ p.101 上右 アサヒスーパードライビル（夜景外観）/ p.103 図3 / p.105 図6 / p.113 下右 館山研修施設（模型外観）/ p.118 上左 TIME'S I（外観）/ p.119 上左 関西新国際空港ターミナルビル（内観）/ p.121 図1, 図2 / p.125 中左 埼玉の集合住宅（外観）/ p.127 図1

（雑誌名及び書籍名記載分は複写による）

■ 参考文献
・日本建築学会編『コンパクト　建築設計資料集成』丸善（1986年）
・吉田研介編『デザインテクニック　つくっていく手懸りを考える』建知出版（1979年）

● 作者简历

宮元健次

1962年出生

1992年东京艺术大学研究生院美术研究科建设专业博士课程结业

现在　愛知工业大学、中央学院大学、常磐大学　讲师
　　　宮元庭院建筑研究所　董事长

著作　『桂離宮 隠された三つの謎』
　　　『修学院離宮物語』
　　　『近世日本建築にひそむ西欧手法の謎「キリシタン建築」論序説』
　　　『建築パース演習教本』
　　　『建築製図演習教本』（以上 彰国社）
　　　『復元 桂離宮書院群』
　　　『復元 日光東照宮陽明門』（以上 集文社）
　　　『桂離宮 ブルーノ・タウトは証言する』（鹿島出版会）
　　　『法隆寺五重塔』（雄鶏社）
　　　『インテリアコーディネート実技総合対策講座テキスト』（ヒューマンアカデミー）
　　　『日本の伝統美とヨーロッパ—南蛮美術の謎を解く—』（世界思想社）
　　　『建築家秀吉—遺構から推理する戦術と建築・都市プラン—』
　　　『江戸の陰陽師—天海のランドスケープデザイン』
　　　『加賀百万石と江戸芸術—前田家の国際交流—』（以上 人文書院）
　　　『歴史群像 徳川家光』（共著）
　　　『歴史群像 豊臣秀吉』（共著）（以上 学習研究社）
　　　『龍安寺石庭を推理する』（集英社）
　　　『月と建築』（共著）（INAX出版）
　　　『桂離宮と日光東照宮—同根の異空間』
　　　『初めての建築模型』
　　　『初めての建築構造デザイン』
　　　『図説 日本庭園のみかた』
　　　『図説 日本建築のみかた』
　　　『建築の配置計画—環境へのレスポンス』
　　　『よむ住宅プランニング』（以上 学芸出版社）　他

著作权合同登记图字：01-2006-6631 号

图书在版编目（CIP）数据

建筑造型分析与实例／（日）宫元健次 著；卢春生
译.—北京：中国建筑工业出版社，2007（2021.3 重印）
ISBN 978-7-112-09112-6

Ⅰ.建… Ⅱ.①宫…②卢… Ⅲ.建筑设计：造型设计
Ⅳ.TU2

中国版本图书馆 CIP 数据核字（2007）第 017323 号

Japanese title：Miru Kentiku Design
Copyright ⓒ1998 by Miyamoto Kenji
Original Japanese edition
Published by Gakugei Shuppansha，Japan
本书由日本学艺出版社授权翻译出版

责任编辑：白玉美　刘文昕
责任设计：董建平
责任校对：陈晶晶　张　虹

建筑造型分析与实例

[日] 宫元健次　著

卢春生　译

中国建筑工业出版社出版、发行（北京西郊百万庄）
各地新华书店、建筑书店经销
北京永峥印刷有限责任公司制版
北京建筑工业印刷厂印刷
＊
开本：787×1092 毫米　1/16　印张：8½　字数：204 千字
2007 年 6 月第一版　2021 年 3 月第三次印刷
定价：**42.00** 元
ISBN 978-7-112-09112-6
　　（36901）